有机水产养殖
理论与实践
——以河蟹有机养殖为例

李廷友 著

U0209096

化学工业出版社
·北京·

内 容 简 介

《有机水产养殖理论与实践——以河蟹有机养殖为例》一书以河蟹有机养殖为例，介绍了有机水产养殖的部分相关理论和技术方法。全书从现代常规农业存在的问题引出有机农业，进而引导出有机水产养殖，简要介绍了有机水产养殖的国内外现状；然后以河蟹有机养殖为例，详细介绍了有机水产养殖技术，包括河蟹有机饲料以及有机饲料添加剂的研制与开发、河蟹非特异性免疫力的提升、有机综合养殖的比较，分析了有机养殖对水环境质量的影响；并运用生态系统理论，研究了有机水产养殖营养平衡和能量流动；最后对有机水产养殖在经济、社会与环境方面进行了效益分析。

《有机水产养殖理论与实践——以河蟹有机养殖为例》适合水生态学工作者、水产养殖和有机农业相关领域的研究人员和管理工作者参考阅读。

图书在版编目（CIP）数据

有机水产养殖理论与实践：以河蟹有机养殖为例/
李廷友著. —北京：化学工业出版社，2022.1
ISBN 978-7-122-40226-4

Ⅰ.①有⋯ Ⅱ.①李⋯ Ⅲ.①中华绒螯蟹-淡水养殖
—无污染技术 Ⅳ.①S966.16

中国版本图书馆 CIP 数据核字（2021）第 232096 号

责任编辑：褚红喜		文字编辑：邓　金　师明远
责任校对：宋　玮		装帧设计：张　辉

出版发行：化学工业出版社（北京市东城区青年湖南街 13 号　邮政编码 100011）
印　　装：北京捷迅佳彩印刷有限公司
710mm×1000mm　1/16　印张 10　字数 164 千字　2022 年 1 月北京第 1 版第 1 次印刷

购书咨询：010-64518888　　　　　　　　　　售后服务：010-64518899
网　　址：http://www.cip.com.cn
凡购买本书，如有缺损质量问题，本社销售中心负责调换。

前　言

　　有机农业是一种以管理为主的农业生产系统工程，它包含所有促进社会、经济和环境友好的农业生产方式。有机农业完全不用化学肥料、农药、生长调节剂、畜禽饲料添加剂等合成物质，也不使用基因工程生物及其产物，其核心是建立和恢复农业生态系统的生物多样性，维持农业的可持续发展。近年来，有机农业发展势头迅猛，有机农产品年销售率增长快、生产面积扩大迅速，受到消费者、经营者、生产者的青睐，成为当今世界应用最为广泛的和经得起考验的农业生产体系。

　　与有机农业一样，有机水产养殖业已成为全球发展最快的食品生产行业之一。它是指建立一种水产品生产系统，该系统保护和促进它所依附的自然环境的形态和功能，致力于从依靠外部能量和物质的投入向光合作用、废物重新利用以及尽可能利用本系统中的可再生资源转变，而不对自然生态系统造成破坏。在有机水产养殖过程中禁止使用合成化学肥料、杀虫剂、药物等化学合成物质和基因工程生物体及其产品，完全按照有机认证标准进行生产，建立从苗种、养殖过程、收获、储藏、加工和销售的全过程质量控制体系。有机水产养殖的目的是在水产养殖过程中，保护水生生态环境、减少水生生物疾病的发病率、降低饵料的投入量等能源的消耗，从而保证食品安全和提高水产品的品质。

　　本书以河蟹有机养殖为例，系统研究了有机水产养殖的技术路线、有机饵料的开发、有机综合养殖、有机养殖对水环境的控制、有机养殖生态系统的氮磷循环和能量流动等，从经济、社会和环境效益角度系统探讨有机养殖方式的特点与实践可行性，不仅为大规模有机养殖提供了实践经验，也为解决常规水产养殖所面临的环境、安全和健康问题，以及维护水产养殖的可持续发展提供了有力的手段。本书研究成果获连云港市科技进步奖二等奖，研究基地荣获"国环有机产品认证中心颁发的有机农场证书"，养殖的河蟹获得有机商标准用证，所研制的有机饵料获得 2 项国家发明专利。

本书的出版得到了泰州学院科研经费的资助，同时在本书的写作过程中，引用了相关的国内外文献资料，在此向资助单位和文献资料的作者表示衷心感谢！本书力图把作者多年的研究成果一一总结反映出来，但由于作者的水平有限，不足和疏漏之处在所难免，敬请专家和读者朋友批评指正。

李廷友

2021 年 7 月

目　录

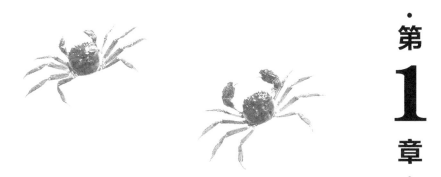

第1章

有机农业概论

1.1 传统农业和常规农业

1.1.1 传统农业和常规农业的发展

（1）传统农业

传统农业一般是指在自然经济条件下，以采用人力、畜力、铁器等手工工具为主的手工劳动方式，靠世代积累下来的传统经验发展而来，以自给自足居主导地位的农业。传统农业是一种生计农业，农业生产多靠经验积累，生产方式较为稳定；但生产水平低，产量受自然环境条件影响大。传统农业在欧洲是从古希腊、古罗马的奴隶制社会（约公元前 5~6 世纪）开始，经封建社会一直到资本主义社会初期，直至 20 世纪初叶才逐步转变为现代常规农业，甚至现在仍广泛存在于世界上许多经济不发达的国家。

我国传统农业延续的时间十分长久，大约在战国、秦汉之际已逐渐形成一套以精耕细作为特点的传统农业技术。在发展过程中，虽然生产工具有很大的改进，生产技术有所提高，但就其主要特征而言，没有根本性质的变化。我国传统农业技术的精华是注重精耕细作，大量施用有机肥，兴修农田水利、发展灌溉，实行轮作、复种，种植豆科作物和绿肥以及农牧结合等。

（2）常规农业

常规农业一般是指以集约化、机械化、化学化、商品化为特点的农业生产体系，是在改造传统农业过程中逐步形成并至今仍普遍实施的以系统的开放性、资源的高投入和生产的高效率为基本特征的农业发展模式。

常规农业是当前世界农业在实施运作上占主导地位的农业发展模式。一些发达国家开始由常规农业向持续农业转变，但绝大多数发展中国家仍在常规农业模式下快速发展。

1.1.2　常规农业存在的问题

在常规农业生产过程中，因大量使用农用化学品（如化肥、农药、化学添加剂等），煤、石油、天然气等矿物资源不可逆地被大量消耗；土壤结构被破坏，农产品品质劣化、生物多样性减少、持续生产能力下降，最终导致整个农业系统的生态平衡被破坏。它所引发的环境污染和食品安全性问题已受到人们越来越多的关注。

（1）过量使用化肥

长期过量使用化肥，导致土壤中的矿物质、有机质、水分、微生物等遭到破坏，土壤酸化，土壤的颗粒结构被破坏，进而导致土壤物理性质恶化，出现土壤板结、坚硬，农作物减产等问题（卞有生，2000）。大量的营养物质进入农业区水域，造成水质污染和水体富营养化，破坏了水域生态平衡。这样的结果一方面增加了农业生产成本，减少了农民收入；另一方面降低了农产品的质量，加剧了农产品和环境的污染，同时因土壤肥力降低又不得不加大化肥使用量，进入了化肥使用恶性循环中。

（2）超强度使用农药

化学农药的大量使用，在杀灭有害生物的同时，也杀伤了有益生物，如天敌昆虫、蛙类、鸟类、蜜蜂等，降低了它们对有害生物的控制。在二十世纪六十年代，一种农药使用了8～9年后害虫的抗药性急剧增强，七十年代缩短到6～7年，八十年代为4～5年，而到九十年代，只要2～3年了。每年大量的农药使用后，只有少部分农药到达目标有害生物，而绝大部分农药或附在作物与土壤上，或飘散在大气中，或通过降雨等经地表径流流入地表水和地下水，污染水体、土壤、大气和农业生态系统。例如，在我国的长江、黄河、珠江和松花江等主要河流均能检测出农药。在国际贸易中，我国茶叶出口往往因有机氯、菊酯类等农药残留检测超标而受阻。

（3）滥用各类化学添加剂

为了迎合人们越来越苛刻的感官上的要求，增强食欲和能长时间保存食品，各种调味食品添加剂、防腐剂和染色剂等不断被研制出来。滥用各类化学添加剂主要表现在：①食品添加剂种类繁多，其中有不少已被科学证明是具有致畸、致癌、致突变作用的；②为了达商业目的，各类化学添加剂存在被超标准地使用；③工业化的养殖方式和滥用抗生素现象也很普遍。

（4）基因工程技术的潜在影响

基因工程技术使人们能够按照自己的意愿，对生命的最本质特征——遗传物质进行直接操作，把所需要的目的基因导入细胞内，使生物体获得新的性状，以增加产量，提高质量，从而为人类找到一个可持续发展的好方法（Kareiva，1993）。据统计，2016 年全球转基因作物种植面积为 1.851 亿公顷，与 1996 年 170 万公顷相比，增加了近 110 倍，有 26 个国家种植了转基因作物，其中 19 个为发展中国家，7 个为发达国家。发展中国家的种植面积占全球转基因作物种植面积的 54%，而发达国家的种植面积占 46%（ISAAA，2017）。

但是，基因工程对人类社会和环境也具有潜在的危险（Krattiger，1994）。对于人类社会而言，不可预料的基因突变，或基因从一种生物体转移到另一种生物体中可能导致新的疾病。基因工程产品可能含有对人类健康不利的过敏性物质或某种激素，长期食用将会增加癌症等疾病的患病率。

基因工程由于其安全性问题在世界范围内引起了广泛的争议，在一些国家遭到了强烈反对，如澳大利亚、卢森堡和丹麦则禁止使用带有抗虫性的 Bt-玉米新品种（Niggli，1998）。但美国、日本和加拿大等国家则十分重视基因工程技术的研究和开发应用（朱迪，1999）。

为解决常规农业带来的这些问题，我们"应该采用符合自然规律的生产方式和生态耕作制度"；这一方式应既不需要大型设备，也不需要兽医和疫苗，以及对环境起破坏作用的抗生素等（杨朝飞，2001）。在人类探索农业发展新途径的过程中，各种形式的替代农业如生物农业、生态农业、精准农业、持久农业、有机农业等应运而生，其目的都是为了保护生态环境、合理利用资源、实现农业的可持续发展，其中有机农业是一个典型代表。

1.2 有机农业

有机农业最早要追溯到 1909 年，北美殖民者对美国大陆的过度开发，导致美国大陆的肥沃土壤开始大量流失，严重影响了美国农耕体系的可持续发展，美国农业面临严峻挑战，时任美国农业部土壤研究所所长、威斯康星州立大学土壤专家富兰克林·金（F. H. King）于 1909 年春考察了中国、日本和朝鲜的农业，指出：中国传统农业长盛不衰的秘密在于中国农民的勤劳、智慧和节俭，善于利用时间和空间提高土地的利用率，并以人畜粪便、塘泥等废弃物还田以培养地力。英国植物病理学家 Albert Howard 则进一步深入总结和研究中国传统农业的经验，于 1930 年出版《农业经典》一书，此书成为当今指导国际有机农业运动的经典著作之一。1940 年美国有机农业的创始人 J. I. Rodale 创办了 Rodale 有机农场。该农场从创办至今一直从事有机农业的研究和成果出版工作，于 1942 年出版了《有机园艺和农作》（现名《有机园艺》）。为了推动有机农业在世界范围内的进一步发展，1972 年 11 月 15 日在法国成立了国际有机农业运动联盟（International Federation of Organic Agriculture Movements，IFOAM）。在 IFOAM 的积极推动下，有机农业的思想开始被广泛接受，一些发达国家的政府开始重视有机农业，并鼓励农民从常规农业向有机农业生产转换。有机农业从生产到快速发展与现代农业对环境和人类的影响密不可分。

我国有机农业的发展可分为三个阶段：探索阶段（1990—1994 年）、起步阶段（1995—2002 年）、规范快速发展阶段（2005 年至今）。这三个阶段的划分主要以标志性事件为依据。1990 年前后，我国获得第一个有机食品认证；1994 年，国家环境保护局——南京环境科学研究所农村生态研究室改组为"国家环境保护局有机食品发展中心（OFDC）"，并进行有机食品认证工作；2003 年，OFDC 获得 IFOAM 的认可，成为我国第一家获得国际认可的有机认证机构；2003 年，国家认证认可监督委员会组织"有机食品国家标准"的起草工作；2005 年，有机食品国家标准（GB/T 19630—2005）正式发布实施（现已更新为 GB/T 19630—2019）。因此，我国有机农业的发展分期基本上是以有机食品认证实施过程为中心的（卢成仁，2020）。

1.2.1　有机农业的内涵

国际有机农业运动联盟（IFOAM）把"有机农业"定义为：所有的能够促进于环境、社会和经济有利的粮食、纤维生产的农业系统，这些系统利用当地的土壤肥力作为成功生产的关键。有机农业旨在保护利用植物、动物和景观的自然能力，使农业和环境质量在各方面都达到最佳水平，通过限制施用化学合成肥料、农药和药物，大大减少了外来投入。反之，有机农业利用强有力的自然规律来提高农业产量和增强抗病力。有机农业坚持遵循世界公认的原则，在当地的社会经济、地理气候和文化环境中加以实施。因此，IFOAM 强调并支持发展地方性和地区性的自给体系（IFOAM，2002）。

有机农业的基本原则是在保持农业可持续生产的前提下，尽可能使环境影响最小化。其关键目标是：①保持和提高土壤的长效肥力；②禁止使用化学合成肥料、杀虫剂、除草剂和饲料添加剂；③反对基因工程、维护社会公正性；④在产品的生产和加工过程中，使各种形式的污染最小化，保持生产体系和周围环境的生物多样性；⑤考虑禽畜在自然环境中的所有生活需求和条件，使禽畜的福利最大化；⑥限制放牧密度；⑦发展持续的水产品生产系统（IFOAM，2002）。

1.2.2　有机农业的发展现状

在世界农产品价格低迷的情况下，有机农业正以有机产品年销售率增长快、生产面积扩大迅速的趋势，呈现在人们面前，而且有机农产品越来越受到消费者、经营者、生产者的青睐。

根据瑞士有机农业研究所（FiBL）统计（截止到 2018 年底），全球以有机方式管理的农地面积为 7150 万公顷（包括处于转换期的土地），占全球农地的 1.5%。有机农地面积最大的两大洲分别是大洋洲（3600 万公顷，约占世界有机农地的50%）和欧洲（1560 万公顷，22%），接下来是拉丁美洲（800 万公顷，11%）、亚洲（650 万公顷，9%）、北美洲（330 万公顷，5%）和非洲（200 万公顷，3%）。有机农地面积最大的 3 个国家分别是澳大利亚（3570 万公顷）、阿根廷（360 万公顷）和中国（310 万公顷）。全球几乎 25% 的有机农地和超过 87% 的有机生产者分布在发展中国家和新兴市场。除了有机农地以外，还有其他形式的有机认证土地，大部分区域为野生采集和养蜂业用地。其他形式还有水产养殖、森林和天然牧场，这些用地的总面积超过 3570 万公顷。

根据 Ecovia Intelligence 统计的数据，2018 年全球有机食品增长率仍维持较高水平，全球有机食品（含饮料）的销售总额达到了 1122 亿美元（950 亿欧元，按 2018 年欧洲中央银行汇率 1 欧元=1.1813 美元计算，下同），北美洲和欧洲贡献了约 80.5% 的销售额。亚洲、拉丁美洲和非洲的有机产品主要用于出口。全球有机食品（含饮料）市场从 2000 年（180 亿美元）到 2018 年，增长了 6 倍多，预计市场还会增长。2018 年，全球有机产品市场排名依然是美国（480 亿美元）、德国（129 亿美元）和法国（107 亿美元），我国位于第四位，销售额为 95.7 亿美元，占比 8.3%。短期内需求较大的市场仍然是欧洲、北美洲等地区。

我国的传统农业可以称为原始的有机农业，但以后被现代常规农业所取代，目前有机农业处于快速发展阶段。1990 年浙江省茶叶进出口公司第一次开发了有机茶叶并出口到欧洲市场，标志着有机农业概念正式引入中国。而有机农业的真正发展和推广则是在 1994 年 10 月国家环境保护总局有机食品发展中心（Organic Food Development and Certification Center，OFDC）正式成立以后。目前完全从事有机农业生产的主要集中在一些边远并以传统农业生产为主的地区，如新疆、黑龙江、内蒙古、辽宁、贵州占全国有机种植面积的 74%，黑龙江、内蒙古、四川、青海、云南占全国野生采集面积的 60%。

我国获得认证的有机食品有粮食、蔬菜、水果、奶制品、禽畜产品、水产品、中药材、茶叶、蜂蜜等近 100 个品种，其中有很多产品已出口到 30 多个国家或地区；也有一些有机产品开始在国内市场销售。我国有机食品出口贸易额已从 1995 年的 30 万美元，增加到 2017 年的 10.3 亿美元。

我国有机食品的开发主要采用"公司+农户"的模式，即由贸易公司（多数是外贸公司或直接从事出口业务的食品加工企业）与农户签订产销合同，农户在公司的指导下按有机方式生产，公司包销产品。实践证明，这种模式比较适合我国的土地所有制和目前的生产力水平，且便于统一管理，有利于有机农业技术的开发及应用。

1.2.3 有机农业标准及认证

1. 有机标准和认证机构

标准是对重复性事物和概念所做的统一规定，它以科学、技术和实践经验的综合成果为基础，经有关方面协商一致，由主管机构批准，以特定形式发布，作为共同遵守的准则和依据。各个国家为了规范本国的有机生产和销售，根据各自国家的地理环境、风俗习惯、农业技术和有机农业发展水平制定了符合本国实际的有机标准和认证系统。

为了证明农业生产者所生产出来的产品为有机产品，同时替消费者监督有机生产、加工和贸易过程，就需要一个独立的、公正的和权威的第三方，即认证机构。有机认证机构实施认证行为的主要依据就是有机认证标准。

由于目前还没有一个世界通行的有机标准，有机市场主要由一些最重要的有机产品进口国和有机产品生产国进行规范，也就是说，一个产品必须获得这些国家的有机标准认证才能作为"有机"产品销售。这就要求根据有机产品的最终市场选择最合适的有机标准进行认证。

2. 有机农业标准发展现状

随着国际有机农业运动的逐步深入发展，已初步形成了世界范围内不同层次的标准体系，主要有联合国有机标准、国际有机农业运动联盟有机标准、欧盟有机标准、国家标准和独立认证机构标准五个方面。

（1）联合国有机标准

联合国层次的有机农业和有机农产品标准是由联合国粮农组织（FAO）与世界卫生组织（WHO）制定的，是《食品法典》的一部分，目前还是建议性标准。我国作为联合国成员国也参与了标准制定。《食品法典》作为联合国协调各个成员国食品卫生和质量标准的跨国性标准，一旦成为强制性标准，就可以成为 WTO 仲裁国际食品生产和贸易纠纷的依据。《食品法典》的标准结构、体系和内容等基本上参考了欧盟有机农业条例 EEC 2092/91 以及国际有机农业运动联盟（IFOAM）的基本标准。

（2）国际有机农业运动联盟有机标准

国际有机农业运动联盟（IFOAM）作为一个非政府组织（NGO），是有机农业生产方式的积极倡导者，在世界范围内有很大的影响。国际有机农业运动联盟成立于 1972 年，到目前已经有 100 多个国家 700 多个会员组织。IFOAM 基本标准和准则作为国际标准已在国际标准组织（ISO）注册，它是制定地区标准、国家标准和独立认证机构标准的基础，是标准的标准。IFOAM 在标准制定上的目标是：在有机生产的各个环节都遵循有机农业的基本思想；确保有机生产的完整性和可靠性；确保有机标准不会成为贸易障碍；确保在有机生产和流通中的各个方面都是利益公平和机会均等的原则。

（3）欧盟有机标准

1991年6月24日欧盟有机农业条例（EEC 2092/91）及其修正案出台。EEC 2092/91条例主要涉及植物产品。1999年8月出台的欧盟有机农业条例1804/99则主要涉及有机畜禽产品，该条例从2000年8月24日开始生效。1999年12月，欧盟委员会决定通过有机产品的标识，这个标识可以由EEC 2092/91规则下的生产者使用。2007年，EEC 2092/91被废止，并被欧盟理事会有机农业标准834/2007"有机产品的生产和标识"取代。

（4）国家标准

国家标准主要有中国、美国、日本、阿根廷、澳大利亚、智利、匈牙利、以色列、瑞士、巴西以及15个欧盟成员国的国家标准。不同国家标准的发展历程各异，但共同的特点是发展历程短，主要集中在近20年左右。

2001年12月25日国家环保总局发布《有机食品技术规范》，作为中华人民共和国环境保护行业标准，于2002年4月1日开始实施。2003年8月中国认证机构国家认可委员会发布了《有机产品生产和加工认证规范》，是中国境内有机认证机构从事有机产品认证的标准依据。2011年国家质量监督检验检疫总局、国家标准化管理委员会颁布《有机产品》（GB/T 19630.1—2011～GB/T 19630.4—2011），包括生产、加工、标识与销售及管理体系要求；2019年8月30日发布新版国家有机产品标准GB/T 19630—2019，代替GB/T 19630.1—2011～GB/T 19630.4—2011，更新规定了有机产品的生产、加工、标识与管理体系要求。

（5）独立认证机构标准

从认证机构标准上看，基本上每一个认证机构都建立了自己的认证标准。一个国家可以有一个认证机构，也可以有多个认证机构，如美国境内有40多个认证机构，日本农林水产省授权的认证机构有60多家。多数认证机构都是民间组织，也可以是官方的。不同认证机构执行的标准都是在IFOAM基本标准的基础上发展起来的，但侧重点有所不同。这也从侧面反映了不同国家或地区不同的资源特色。

根据不同地区的特征和需要，部分认证机构进一步发展了IFOAM标准，使之更具体化、便于操作，比如德国BIOLAND已经建立了针对不同产品的标准系列。

1.3　有机食品

1.3.1　有机食品的概念

有机食品这一名词是从英文 organic food 直译过来的。在国外其他语言中也有叫生态或生物食品（见表 1-1），国外普遍接受 organic food（有机食品）这一叫法。这里所说的"有机"不是化学上的概念。

表 1-1　有机食品在不同语言中的名称

语言	原文	译文
英文	organic	有机（食品）
西班牙文	ecolgico	生态（食品）
丹麦文	okologisk	生态（食品）
德文	ŏkologisch	生态（食品）
希腊文	βιολογικο	生物（食品）
法文	biologique	生物（食品）
意大利文	biologico	生物（食品）
荷兰文	biologisch	生物（食品）
葡萄牙文	biolgico	生物（食品）
日文	有機	有机（食品）
中文	有机食品	—

有机食品通常是指来自于有机农业生产体系，根据国际有机农业生产要求和相应的标准生产加工，并通过独立的有机食品认证机构认证的一切农副产品，包括粮食、蔬菜、水果、奶制品、禽畜产品、蜂蜜、水产品、调料等。除有机食品外，一些农副产品，如纺织品、皮革、化妆品、林产品等通过有机认证的，称为有机产品（OFDC，2003）。

"有机食品"需要符合以下 5 个条件：①原料必须来自已经建立或正在建立的有机农业生产体系，或采用有机方式采集的野生天然产品；②产品在整个生产过程中必须严格遵循有机食品的加工、包装、贮藏、运输等要求；③生产者在有机食品的生产和流通过程中，有完善的跟踪审查体系和完整的生产及销售档案记录；④要求在整个生产过程中对环境造成的污染和生态破坏影响最小；⑤必须通过独立的有机食品认证机构的认证审查。

有机食品的主要特点是来自于生态良好的有机农业生产体系，在生产和加工中不使用化学农药、化肥、化学防腐剂等合成物质，也不用基因工程生物及其产物。

1.3.2 有机食品的特征

有机食品与我国的其他食品（包括无公害食品、绿色食品等）之间存在着明显的区别，主要包括：

① 有机食品在其生产和加工过程中绝对禁止使用农药、化肥、激素等人工合成物质以及基因工程产品和技术，而其他食品则允许有限制地使用这些物质或技术。

② 有机食品的生产和加工要比其他食品难得多，管理要求要比其他食品严格得多。有机食品在生产中，必须发展替代常规农业生产和食品加工的技术和方法，建立严格的生产、质量控制和管理体系。

③ 与其他食品相比，有机食品在整个生产、加工和消费过程中更强调环境的安全性，突出人类、自然和社会的可持续和协调发展。

1.3.3 有机食品的发展趋势

我国有机食品的开发有着良好的国际市场和巨大的国内市场。我国农作物品种资源丰富，传统农业技术中有机农业管理成分较多，特别是一些边远山区生态环境优越，农药、化肥使用少，污染轻，这些地区相对比较容易转换成有机农业生产基地，加上劳动力资源丰富，能够适应有机农业对劳动力的大力需求。随着经济的发展和人们对食品安全问题的普遍关注，我国城乡人民渴望得到口味好、富营养和健康安全的有机食品。开发有机农产品恰好可以满足人们的这一要求。此外，国际上对我国有机产品的需求越来越大，如有机大豆、稻米、花生、蔬菜、茶叶、果品、蜂蜜、药材、有机纺织品如丝绸和棉花等。目前，我国有机食品的生产还远远不能满足国内外市场的需要。2013 年至 2019 年，有机食品行业市场规模由 279.8 亿元增加至 678.21 亿元，年复合增长率为 15.9%。未来，在国家宏观政策扶持、农村电商的带动、消费者对食品质量的要求不断提高等利好的环境下，中国有机食品的市场规模将继续保持稳定增长的态势，预计到 2023 年有望达到

989.84 亿元。

特别是有机水产养殖，它已是中国农业结构中发展最快的产业之一。水产品是人们摄入高品质蛋白质的重要来源，更有利于人体健康。随着人们消费观念的转化及有机水产品开拓市场的需要，有机水产品的需求量快速增长，开展有机水产品养殖也成为必然趋势。

第2章

有机水产养殖

2.1 水产养殖现状

水产养殖业是世界上增加蛋白质来源最迅速、最可靠的方式，在世界范围内受到广泛重视（李诺，1995）。由水产养殖生产出的鱼类占直接消费鱼类总量的 1/4 还多。随着人口数量不断增长，对作为人类蛋白质来源之一的鱼类养殖也将会增加（Naylor et al.，2000）。但是，世界水产养殖生产很大部分来自生产规模较小的发展中国家。由于经济利益的驱动，片面追求养殖产量，忽视养殖水域的生态平衡和环境保护，致使水产养殖业在发展过程中不断受到资源匮乏、环境污染、病害等因素的困扰和制约，难以持续高品质的发展。因此，人们越来越关注水产养殖对局部水环境的影响。

根据联合国粮农组织《2020 世界渔业和水产养殖状况》（SOFIA）统计数字（FAO，2020），世界水产品产量从 1986 年平均 $1.018×10^8$ 吨增加到 2018 年 $1.785×10^8$ 吨（见表 2-1）。

中国是世界上从事水产养殖最悠久的国家之一，是亚洲传统的水产养殖大国。目前，水产养殖业已经发展成为一种与农村种植业并存的农业活动，为扩大就业、增加收入和保障食品安全作出了巨大贡献。据《2020 中国渔业统计年鉴》，2019 年我国水产品总量为 $6.48×10^7$ 吨，占全世界养殖总量的 36%，其中水产养殖产量为

$5.08×10^7$ 吨，捕捞产量 $1.4×10^7$ 吨，海水产量 $3.28×10^7$ 吨，淡水产量 $3.2×10^7$ 吨。2019 年全国水产养殖面积达到 7108.5 千公顷，其中，海水养殖面积 1992.18 千公顷，淡水养殖面积 5116.32 千公顷。淡水养殖主要集中在湖泊、水库、河流、池塘。珠江三角洲基塘系统和南方以及西南省份的稻田水产养殖系统也很普遍。养殖品种从传统的"四大家鱼"及鲤、鲫、鳊发展增加了罗非鱼、加州鲈、鳜鱼、长吻鮠、罗氏沼虾、南美白对虾、青虾、河蟹等新品种；养殖方式从传统的粗养向精养、集约化、规模化方向发展，建立起了养殖基地、苗种基地、饲料基地，从单一养殖向混养、间养、套养、立体养殖和生态养殖发展。

表2-1　世界水产品产量及利用量（鲜重）　　　　　　单位：百万吨

项目			1986—1995年平均	1996—2005年平均	2006—2015年平均	2016年	2017年	2018年
生产	捕捞业	内水面	6.4	8.3	10.6	11.4	11.9	12.0
		海洋	80.5	83.0	79.3	78.3	81.2	84.4
		小计	86.9	91.4	89.8	89.6	93.1	96.4
	养殖业	内水面	8.6	19.8	36.8	48.0	49.6	51.3
		海洋	6.3	14.4	22.8	28.5	30.0	30.8
		小计	14.9	34.2	59.7	76.5	79.5	82.1
	水产品产量（不含藻类）		101.8	125.6	149.5	166.1	172.7	178.5
利用	食用消费量		71.8	98.5	129.2	148.2	152.9	156.4
	非食用消费量		29.9	27.1	20.3	17.9	19.7	22.2
	人口/亿人		5.4	6.2	7.0	7.5	7.5	7.6
	人均消费量/kg		13.4	15.9	18.4	19.9	20.3	20.5

2.1.1　水产养殖对环境的影响

（1）水产养殖对水环境的影响

水产养殖对环境的影响主要与其高投入和高产出的半精养或精养系统相关联（如网箱养殖），其对环境的影响主要是使水体富含营养和有机物质，从而导致底泥缺氧、深部物种种群发生变化和湖泊富营养化。对虾养殖排放废水中主要污染因子包括悬浮颗粒物、营养物、叶绿素 a、化学和生物需氧量（Brown et al.，1999）。在某些地区大规模的养殖对虾已经使湿地环境有所退化，出现当地水污染和盐化问题。此外，化学物质的不合理使用，采集野生种苗和引进外来物种以及过量使用渔业资源作为饲料投入，在一些地区也已经产生了环境问题。软体动物养殖已经造成当地底部沉积物的缺氧症和底泥粉砂岩化的加重（Barg et al.，1996）。

水产养殖过程中，富含残饵和排泄物且未经处理的废水可使周边水域产生营养污染。污染问题在浅水或封闭的池塘水域中表现得更严重，在精养殖业密集的地区也表现得非常严重。在这些地区，食物颗粒和排泄物在池塘底部或附近环境发生沉积，破坏了生物的生境。其中，含氮废物（如铵盐和硝酸盐）超过了水体的自我净化能力，从而降低水质，对鱼和虾产生毒害（Hargreaves，1998）。在池塘养殖密度大的地区，排放的化学和生物污染物在养殖区中再流通，即所谓的污水回用，更加加重了自身污染，最终形成恶性循环。常规养殖系统的精养对虾农场（其产量可达到年产10～15吨/公顷）通常由于产生污染和疾病问题，结果使这些养殖池塘在使用了4～5年后就不得不放弃（Dierberg，1996）。水产养殖过程中由于大量外源性饵料的投饲，残饵进入水体，导致有机负荷增加，水华发生，生物多样性降低，病原体增加等。为防治病害，大量使用化学药品，也会造成对水环境的污染。

贝类是滤食性动物，以藻类为食。其主要污染物是贝类产生的粪便，含有丰富的有机物。Rodhouse等（1985）研究了贻贝筏式养殖中的粪便产生情况，结果表明每年产生氮$8.5kg/m^3$，其C/N比值约为8。贝类筏式养殖改变了水体流速和水流方向，造成水体交换和物质循环减慢，导致养殖区域内悬浮物的淤积。有机物在底层的堆积促使微生物活动加强，增大了底部的氧需求量，造成缺氧或无氧环境，促进了脱氮和硫还原反应，使硝酸盐、亚硝酸盐、氨氮、磷等无机盐的释放增加。

虾类养殖对周围环境的影响程度取决于养殖规模和水平。在墨西哥海岸养虾业每年排入水域的氮、磷分别为2851吨和466吨（Páez-Osuna et al.，1998）。在精养虾池中，人工投饵输入虾池的氮以悬浮颗粒氮、溶解有机氮、溶解无机氮等形式存在于水中。水体中氮有三种主要来源，即鳃的排泄、配合饲料的释放及虾粪的排放。杨庆霄等（1999）研究虾池残饵腐解对水质的影响，发现过量的虾饵大部分沉淀于池底，残饵的分解使池底海水中溶解氧（DO）和pH迅速下降，在24h内DO从8mg/L下降到0，pH从8.0下降到6.0。虾池残饵和排泄物等有机物在海水中经微生物分解后还可产生大量氨氮，严重影响虾体的生理功能，导致抗病力下降，诱发疾病产生。开放式单养高产模式对饲料的利用率太低，养殖中的残饵、虾粪及排泄物先污染了池水，再通过经常性换水污染了浅海海水，而且因不断地进行池-海间水交换，使污染愈发严重，对于水交换欠佳的海湾尤其如此。鱼类精养一般采取高密度放养，并大量投喂外源性饵料，大量残饵和排泄物对水环境产生较大的影响。1998 年骆马湖湖体内网围养殖，入湖氮、磷量分别为 339 吨和 57 吨，占湖体滞留氮、磷总量的 27%和 33%（黄文钰等，2002）。

现代集约化、高密度海水养殖向水体输入了大量的废物，使得养殖海域自身有机污染加重。Gowen（1994）对网箱养殖大马哈鱼做了研究，其结果表明饵料中 76%的碳和 76%的氮将以颗粒态和溶解态的形式进入海水环境中。据报道，以饵料和鱼苗形式输入海水网箱养鱼系统中的氮只有 27%～28%能通过鱼的收获而回收，有 23%积累于沉积物中，网箱养殖虹鳟固态废物的沉积率为 149.6g/m^2·d（Kaspar et al.，1985）。总之，沿海的鱼类养殖产生的有机废物和无机废物的排放可直接引起一些半封闭港湾的有机负荷增加，出现富营养化现象，导致还原性化合物增加，硫化细菌繁生，大型底栖动物生物量、丰度和种类数量降低或减少。

水产养殖中经常使用多种化学药物，用于治病、清除敌害生物、消毒、抑制污损生物和养殖排放水的处理。1987 年挪威一年的水产养殖业就使用了 48.5 吨的抗生素类药物，Gowen（1994）发现在 5 个养鱼网箱的下面，底泥的四环素残留量为 2.0～6.3μg/g，并可持续达 7 个月（董双林等，2000）。据估算，我国每年水产养殖用各类水体消毒剂近万吨，其中被广泛使用的是优氯净、强氯精等有机氯消毒剂，其有毒中间产物"氰尿酸"在鱼体中的残留期长达一年（童军等，1999）。因此，人们非常关心这些物质在生态毒理学方面的影响以及生物富集、放大和微生物产生的抗药性等。

（2）水产养殖对生态环境的影响

在虾的养殖中，环境的破坏、野生苗种资源的毁灭、外来种的引入导致基因库的改变，会对可能的物种组成和生物多样性产生影响。苏格兰、北爱尔兰、加拿大和美国在野生种群中检出养殖逃逸的鲑鱼。1994 年加拿大芬迪湾逃逸的大西洋鲑为 2 万～4 万尾，这一数量大于同年该海湾野生鲑鱼自然回归的数量。逃逸的鱼类可能在疾病的传播、野生群体遗传组成的改变等方面产生副作用。鱼类养殖会影响其底栖群落的变化，通过研究富营养化对底栖群落的影响，发现随着底栖氧饱和度的改变，底栖生物类群在不断地发生演替。由于排泄废物、残饵以及动植物残体等有机质在池底的不断积累，底泥细菌和浮游细菌生物量都有所上升，且底泥细菌明显比同期浮游细菌量高。

目前全球已经有 $1.0 \times 10^6 \sim 1.5 \times 10^6$ 公顷的沿海地区土地转换成了对虾养殖池（Páez-Osuna，2001）。以前的这些土地主要是盐田、沼泽地、红树林和农业用地等。菲律宾有 50% 的红树林已被改造成养鱼池和虾池。红树林地区是营养物的汇聚处，陆地上排来的营养物在此处积聚、消解、过滤；如果丧失了红树林就会丧失由它维持的捕捞产量，并使污染物积累，造成土壤酸化。珠江三角洲基塘系统的耕地锐减，水产养殖面积增加，种植面积减少，造成基塘比例失调，水土流失严重，将一些施用于地面的肥料和农药带入水体中，使得水体中氮、磷等营养元素过多，塘水过肥。

2.1.2 控制养殖污染的常规对策

（1）合理确定养殖容量优化调整养殖结构

养殖容量受地域、环境、生态、经济、社会等因素的制约，由于环境条件的不同和管理水平的高低而发生变化，还受到养殖生物间互补效应的影响。因此，要根据养殖容量确定网围、网箱面积和网箱密度。

单一品种养殖容易造成污染，也不能充分利用环境容量，一般采用多品种混养、间养、轮养等立体养殖和生态养殖，使饵料得到进一步利用和转化，从而减少对环境的污染。如对虾与滤食性贝类或鱼类混养，鱼、鳖混养，鱼、蚌混养，还有稻田养蟹、基塘系统等。

（2）实行水产养殖清洁生产

按照清洁生产的原理，要把生产过程的每一个环节可能产生的污染削减到最小程度。因此，我们要从养殖业的各个方面入手，使其污染物的产生量达到最小。

重视基础饵料的培育，开发适合不同动物不同幼体阶段的开口饵料及育幼饵料；放养健康苗种，提倡合理放养密度，科学投喂优质饵料，加强养殖管理，提高养殖者的技术素质和管理水平。

（3）加强水产养殖排放水处理技术研究

普通的养殖排放水处理方法有生物滤池、生物转盘、生物转筒和过滤装置，目前正在研究应用的渔业养殖水质净化新技术有臭氧水处理新技术、高分子重金属吸附剂等。Boley 等把可生物降解体作为固体基质包被生物膜后，用于水产养殖系统循环水的脱氮处理，取得了满意效果（Boley et al.，2000）。Kioussis 等（2000）用聚合水凝胶去除水产养殖废水流出物中的活性氮和磷，使磷酸盐的去除率达到98%，亚硝酸盐为 85%，硝酸盐为 53%。我国对集约化养殖排放水处理的研究取得了一定进展，如贝类养殖处理污水工程技术、植物净化工程技术、生物净化工程技术、鱼菜共生工程技术和系统工程技术等。

（4）强化法制，提高管理水平

加大治污和执法力度，将治污成本纳入水产养殖业生产成本当中，引进先进设备和工艺，增强治污能力；水产养殖污染物较为分散，应实行排污权有偿使用，统一管理。发达国家对养殖水向沿岸的排放大多颁布了限制法令，制定了排放标准。如丹麦政府对养鱼排污定出的排放标准为：生化需氧量（BOD_5）1.00mg/L、悬浮物（SS）3mg/L、磷 0.05mg/L、氨 0.40mg/L、总氨 0.60mg/L（薛正锐，2006）。

积极推进和完善以养殖证为核心的水产养殖管理制度，加强对水产养殖环境、苗种、饲料、渔药、水产品质量等全面管理。如福建省加强了对浅海、滩涂的水产养殖立法和管理，明确了养殖用海实行养殖使用证制度；广东省在全省推行水产种苗生产许可证制度，对现有的苗种场进行全面的登记备案；天津市加强对水产动物检疫的立法和管理工作，对进出本市的水产种苗实行 24h 检疫，降低了水产养殖病害发生率，保护了养殖生产者的利益。

2.1.3　常规水产养殖存在的问题

（1）病害防治问题

集约化养殖容易导致养殖生物病害的发生。疾病暴发已经逐渐被看作是限制水产生产和贸易的重要因素，影响许多国家的经济发展。世界上所有的生物体在其生存环境中都或多或少受到疾病的影响和限制（Real，1996）。流行溃疡综合病症属亚洲最严重的一种鱼病之一，其病原复杂，已经在 100 多种淡水和海水鱼种中造成季节性流行发病趋势。少量的流行病研究数据显示，该病是通过水体流动传播的，或在一定条件下，由鱼种本身在没有有效隔离情况下移动造成的。通过隔离或其他防止水体和鱼种流动的措施可以减少该疾病的发生（Arthur，1996）。在群体和生态系统中，疾病的发生主要受到诸多环境因素影响，如病原生物（真菌和病毒）、污染物（化学和生物废物）以及食物和营养缺乏（Dubois，1965）。

1993年我国南北沿海诸省养虾场大面积暴发毁灭性虾病，给对虾养殖业带来空前灾难；1998年江苏省河蟹养殖大面积暴发颤抖病，造成2亿多元的经济损失。此外，水产养殖生物的引种、移殖缺乏必要的检疫措施，致使境外疫病侵入、蔓延，对我国水产养殖造成严重威胁和危害。水产养殖病害的种类已达数十种，病原包括细菌类、病毒类、真菌类、原生动物类以及线虫、蠕虫等寄生虫类等。多数养殖场和养殖户对传染性流行病的早期诊断和快速检测的条件不成熟或无能力，导致水产养殖生物病原微生物大量繁殖并迅速蔓延，甚至暴发毁灭性的病害，给水产养殖业造成巨大的经济损失。

（2）苗种选育问题

苗种选育问题表现为苗种短缺，数量和质量不稳定，部分种类、种质退化严重。20世纪80年代初，由于长江水系河蟹资源的衰竭，辽河水系河蟹南下和瓯江水系河蟹北上，几乎替代了长江河蟹苗种，导致长江水系河蟹种质资源混杂，给养蟹业带来很大损失（高明，2003）。在养鱼方面，有不少苗种场只顾眼前利益，不注重亲鱼品种的更新和选育，造成品种退化，抗病力下降，容易发生疾病，成活率降低。因此，饵料的利用率降低，相对来说，化学药品的使用增加，加重了水环境的污染。

（3）管理不到位及养殖专业知识的欠缺

缺乏对水产养殖发展的政府行为，使个体分散养殖不能形成一定规模的产业化。养殖户特别是新的或改行从事水产养殖的养殖户有关知识欠缺或不能做到活学活用，对水产养殖的基本常识和鱼病及其检疫认识不足，没有掌握多发病的流行特点和防治措施，不重视对水质的监测与管理，均制约了水产养殖的进一步发展。

2.2 有机水产养殖

2.2.1 有机水产养殖的出现

有机水产养殖是指遵循生态学原理和理念，倡导合理、科学和环保的养殖手段，采取健康苗种培育、合理放养密度、科学养殖管理、综合疾病防治等有效措施，达到养殖系统对各种资源的最佳利用，同时最大限度地减少养殖过程对周围环境负面影响的一种水产品生产方式（杨凡等，2016）。有机水产养殖建立了一种水产品生产系统，该系统可保护和促进它所依附自然环境的形态和功能，致力于从依靠外部能量和物质的投入向光合作用、废物重新利用以及尽可能利用本系统中的可再生资源转变，而不对自然生态系统造成破坏。在水产养殖过程中不投入任何化学合成物质和常规饲料，完全按照有机认证标准进行生产，建立从苗种、养殖过程、收获、储藏、加工和销售的全过程质量控制体系。有机水产养殖开始于 20 世纪 90 年代，德国和奥地利的有机水产养殖户和有机协会最先开始发展有机鲤鱼的养殖系统。1995 年德国的 Naturland 协会根据国际有机农业运动联盟（IFOAM）的有机农业准则和欧盟有机农业条例（EEC 2092/91）首次为爱尔兰的有机鲑鱼养殖基地制定了生产标准，这为有机水产养殖业的发展奠定了基础。

2.2.2　有机水产养殖标准

有机水产养殖标准的制定使常规水产养殖向有机水产养殖的转变有了具体详尽的依据。有机水产养殖最初是由德国 Naturland 协会提出的（Bergleiter，2001），其首要要求是不使用各种化学品，尤其是禁止使用各种无机化学肥料以及杀虫剂。随着传统农业向有机农业转变，有机水产养殖也在迅速发展。IFOAM 于 2000 年制定了有机水产的基本标准（IFOAM basic standards），并在2005 年将水产养殖上升为正式标准并单列一章，这为有机水产认证和标准制定提供了基本框架，成为许多政府和民间机构制定各自有机水产标准时所遵循的主要依据。

目前，国际上许多认证机构已经依据国际有机农业运动联盟（IFOAM）的有机生产和加工标准制定了各自的有机产品生产和加工标准（主要针对农产品和畜牧业），但有关水产养殖的标准仍不多。国际有机农业运动联盟（IFOAM）制定的有机水产养殖标准从宏观角度提出了一些具体的规定和要求，包括：标准应用范围、有机水产养殖的转换、养殖场的选址、捕捞区的位置、健康与安全、养殖与繁殖、营养、环境保护、捕捞和宰杀等。由于有机水产养殖是一个全新的概念，其标准也将随着水产养殖业的发展以及消费者需求和环境利益而不断改进与完善。

中国是制定有机水产养殖标准较早的国家，早在 2005 年颁布的 GB/T 19630—2005 中就包含了有机水产养殖标准的内容。2019 年颁布的最新 GB/T 19630—2019 中对于水产养殖的转换、养殖场的选址、水质、养殖基本要求、饵料、疾病防治、繁殖、捕捞、鲜活水产品的运输、水生动物的宰杀、环境影响共 11 个方面进行了标准规定。欧盟在 2007 年有机产品标准 EEC 834/2007 中加入有机水产标准，于 2009 年发布实施细则。加拿大则在 2012 年 5 月专门发布了有机水产方面的标准，主要针对三文鱼，允许对开放海域中养殖的三文鱼进行有机认证。

在有机认证机构中，OFDC（中国）、Naturland（德国）、Soil Association（英国）、KRAV（瑞典）、ACT（泰国）、Bioagricert（意大利）等都制定了自己的有机水产标准（杨凡等，2016）。

有机水产养殖具有积极的社会、环境和经济效益。它通过采用系统生态学的方法为众多不同种类的动物开发生存网络，使用当地的资源和循环使用的废物来平衡其投入和产出，禁止使用合成化学肥料、杀虫剂、药物和基因工程生物体及其产品。通过使用有机投入物（如堆肥和有机饲料）来循环使用营养物质，采用系统的方法来建立生态上可持续的生产基础。有机水产养殖的根本目标为：

① 发展可持续的水产养殖系统；

② 禁止使用无机肥料、任何杀虫剂和除草剂以及基因工程制品；

③ 具有严格的环境影响监测网络和管理系统，保护生态环境；

④ 限制养殖密度，提倡混养系统；

⑤ 在水产捕捞、运输、加工和贸易过程中，使各种形式的污染最小化；

⑥ 考虑水生生物在自然环境中的所有生活需求和条件，使水生生物的福利最大化。

与常规水产养殖相比，有机水产有其自身需要遵循的基本要求和准则。有机水产养殖的目的在于选择一种与常规水产养殖方式不同的方案，即保护生态环境、减少疾病的发生率、降低饵料等能源的消耗、增加食品安全和提高产品质量。其中最重要的是，禁止使用化学合成物质（如无机肥料、抗微生物药物类、抗寄生虫药物类、环境改良和消毒剂以及人造维生素、激素和其他营养性药物等）。表 2-2 列出了有机水产和常规水产养殖措施的主要不同点。

表 2-2　有机水产养殖与常规水产养殖的比较

项目	有机水产养殖	常规水产养殖
养殖方式	限制养殖密度，提倡混合养殖	高密度和高投入精养方式
环境管理	环境监测网络和环境管理系统，苗种到餐桌的全过程质量控制	很少考虑生态系统演变；无全过程质量控制
物质投入	有机饲料	常规饲料，易产生化学或营养污染
	禁止使用化学合成物质或抗生素	使用化学合成物质或抗生素类药物
能源利用	从可更新资源中获取能量	能量消耗密集型产业，从不可更新资源中获取能量（如大量使用肥料、饲料和药物）
发展计划	长期生产计划	短期生产计划
	与周边水域功能吻合	不与周边水域功能吻合，很少考虑生产对区域环境的影响

　　有机养殖是一种特别的增值方式，这是因为有机产品的消费者愿意为此出高价钱。对欧洲消费者的调查发现，有 56% 愿为有机产品多支付 15% 以上的价格，另有 33% 愿多支付 15% 以下的价格。在过去几年里有越来越多的消费者以购买有机产品来实现亲身参与保护自然的目的。调查还发现，欧洲的消费者有 17% 通常购买有机产品，51% 间断购买，这使总人口的 68% 或 2/3 以上成为有机产品的买主。选择购买有机产品的理由各不相同：有机产品消费者的 74% 是出于健康考虑，58% 是出于环境考虑，还有 23% 是认为味道好（Infofish，2002）。

2.2.3　有机水产养殖的优越性

　　水产养殖的快速发展在带来经济回报和为人类提供蛋白质的同时，在一定程度上也污染了生态环境，恶化的生态环境反过来对水产品的质量和卫生安全构成了危害。于是，一些从事生态和环境保护的科技人员以及农民，开展了在生态上合理的一种可持续生产方式，即有机生产方式。有机养殖的水产品较通常产品利润丰厚得多，其市场近年来也迅速扩张。有机养殖是以土壤、植物、动物、人类、生态系统和环境之间的动态相互作用为依据，主要依赖当地可利用的资源，向着自然生命循环的方向发展。同时，对生态和环境以及产品质量尤为关注的消费者（特别是关注涉及他们所消费食物的生产方法）愿意在购买产品时支付额外的费用以使生产者降低其在生产成本上的经济压力。这一趋势因发生一系列的食品安全事件而风头更劲，如疯牛病、杀虫剂残留和基因食品等。因此，有机农业（包括有机水产养殖）的发展在很大程度上取决于消费者对有机食品的需求程度和对生物多样性和物种保护、自然景观保护、地表水或动物保护等的重视和认可（Sundrum，2000）。

水产动植物健康养殖模式的应用，是控制水产动植物病害的大规模暴发、提高水产品质量、减少水域污染、保持良好生态环境的一个十分重要的措施（杨先乐，1999）。早在1993年亚洲水产养殖病害会议上，就提出了水产品健康养殖的问题。我国河蟹养殖现阶段采用生态养殖方式，实际上就是在遵循有机农业生产的规律，但还没有规范的、被广泛应用的健康养殖模式。有机水产养殖的实行就是对规范的健康可持续养殖模式的一种探索。

（1）协调生产和环境

前面已经提到，在常规水产养殖过程中，大量营养物质（主要是残留的饵料、肥料等）由于不能被养殖的生物充分利用，而被大量浪费。这些营养物质，它们或者溶解于水中，或者成为悬浮颗粒物，或者沉积于养殖池底部。当其排放到周围的水体中后，就会使周围水体的水质恶化，破坏生态环境，导致野生生物种群下降。虽然养殖者采取各种技术手段来改善养殖环境，但并不完全奏效。而有机养殖通过系统的方法，并结合各种物理、生物养殖技术，给水产养殖的环境和生产协调发展带来新的曙光（谢标，2005）。

① 采用低投饵、低消耗的方式。改进饵料的投喂方式以及饵料成分对于减少池塘中营养物质残留量和对环境的排放量是极其有效的措施。

② 设置缓冲区。有机养殖方式通过设置缓冲区可以阻止疾病的传播扩散，起到保护生物和保护生态的作用。

③ 禁止使用化学合成物质（包括化学肥料、农药以及化学消毒剂等）和基因工程产品或技术。主要依靠高效的营养、循环利用和严格的环境管理来维持养殖体系的生产力。其中，饵料的质量和营养成分对氮、磷的释放有显著影响。在常规养殖中，采用的是人工合成饵料。而有机养殖提倡混养，尽量减少鱼粉等的用量，采用蛋白质转化率高、含氮磷量较低的物质（如野生杂鱼、有机大豆等）。

④ 对养殖池水体和排放水进行严格定期环境监测，严密监视水体水质的变化，为科学合理用水和保护环境提供准确资料。

因此，有机养殖是通过合理的途径，从源头控制，从而达到减少污染、减少能源消耗的目的。

（2）预防疾病

预防疾病是水产养殖过程中一个非常重要的管理措施。有机养殖模式对养殖的严格管理是防止养殖水生生物疾病暴发的重要因素。与常规养殖相比，有机水产养殖的基本规定（包括对养殖条件的规定）都有利于对疾病的预防。例如，在有机养殖水体的周围设置缓冲区，采取充分的措施防止养殖物种的逃逸和外来物种的进入以及不同养殖水体之间的交流，从而防止疾病的扩散和进入。

（3）提高产品质量

有机水产养殖在提高产品质量方面目前国内外还没有专门的研究报道。从理论上讲，有机养殖方式对水产品质量的提高主要基于以下两点：

① 有机水产品在受化学合成物质和基因工程的污染风险方面比常规产品小。在常规产品的生产、加工过程中往往使用大量的化学合成物质（如杀虫剂、抗生素、添加剂甚至激素），这些物质在食品中的残留很具有危险性。而有机水产品的开发则禁止使用化学合成物质。

② 在有机水产品生产体系中，使用有机肥和合适的管理措施，可以使生物更加广泛和平衡地吸收营养元素。

2.2.4　有机水产养殖现状

水产养殖业作为农业的一部分，已成为全球发展最快的食品生产行业之一。1970 年以来的水产养殖生产年增加幅度为 9%，农场养殖肉类产量的年增长率为 2.9%，水产捕捞量的年增长率为 1.3%。但与有机农业相比，无论在产量还是种类方面，有机水产品的开发远远落后于其他有机农产品的发展。

根据瑞士有机农业研究所（FiBL）和 IFOAM 联合发布的《2019 年世界有机农业概况与发展趋势》（FiBL et al., 2019），2017 年全球经过认证的有机水产品产量超过 62 万吨，较 2016 年增长了 49%，有机水产的生产主要集中在亚洲，占 86%，其中中国有机水产品产量达 52.65 万吨，欧洲只占 13.8%。基于欧盟有机标准认证的有机水产品主要是三文鱼和对虾，在 2013 年共有 21000 公顷的对虾通过了欧盟有机标准的认证。有机对虾的养殖区域主要分布在拉丁美洲、东南亚和欧洲，而拉丁美洲供应了世界上最多的有机对虾，其中厄瓜多尔是有机对虾养殖量最多的国家，但有机对虾的消费市场主要集中在法国、德国、瑞士和美国，这反映了一个基本的事实，即有机水产品的生产主要集中在发展中国家，而消费市场则是一些发达国家。

2017年我国经认证的有机水产品53.38万吨，其中水生植物产品（主要是海带和紫菜）32.5万吨、鲜活鱼类4.89万吨、甲壳与无脊椎动物类产品4.9万吨。从2009年到2017年，我国水产认证的产量是逐年增长的。数据表明东部沿海及中部省份是有机水产分布的主要省份。从认证的数量上看，山东的生产量最大，主要是由于山东有大量的海带通过了认证。紧随其后的是福建、江西和湖北。其中，福建的有机水产品主要是海藻类的水生植物产品，湖北和江西主要是淡水鱼。有机鱼类的生产范围最广，基本上所有省份都有认证。有些已经在市场上形成了品牌，如千岛湖的有机鱼头、南麂岛的有机大黄鱼等。有机水生植物只有山东、福建、浙江、辽宁等7个沿海省份有生产，海参和贝壳类认证较多的省份是辽宁省（杨凡等，2016）。

2.2.5 发展有机水产养殖面临的问题和挑战

（1）有机水产养殖必须遵守有机农业所应遵守的基本原则

有机水产养殖的生产载体为水而非土壤，因而在投入物、病害防治等方面与作物生产具有很大的差异性。例如，水生生物饵料需求的多样化，怎样处理养殖系统中带病的水生动物。陆地的带病动物可以分别进行处理，而水生带病动物则不能这样，必须进行群体治疗。另外，陆地带病动物的医疗可以采用许多方法，但水生带病动物的治疗则局限得多，通常是在其食物中加入药物。而且水生动物的不同类型之间差异也非常大，如贻贝与鲑鱼的生产方式差别非常大。

（2）与有机水产养殖有关的问题仍期待着解决

在有机水产养殖实践中，有一些问题还未解决，如在有机水产品生产过程中，怎样促进与营养管理有关的生物循环？有机水产养殖过程中怎样处理周围化学合成物质（化肥或农药）的迁移？有机饵料的来源及影响如何评估？评价有机水产养殖可持续性的指标是什么？能否为水产品生产制定一套标准来解决营养浓度、疾病发生和转移以及对当地物种的不良影响和环境影响问题？等等。

（3）与水产养殖相关的环境污染和疾病传播等问题

为了有效减少环境污染和疾病传播，一般采取两种不同的策略：一种是本文谈到的有机养殖方式；另一种则是超精养系统，目的在于高产出，依靠缩短生长周期来减少疾病风险和环境污染。

从效益分析角度来比较这两种养殖方式将是非常有意义的。有机养殖方式注重的是环境效益、健康效益和生态系统的可持续发展。而超精养系统更注重高产出所带来的经济效益。如果水产品的市场价值包括养殖造成环境系统破坏所需要的成本，我们相信，将这种成本内在化后将使越来越多的人士和组织更有信心从事有机水产养殖。

第3章

有机水产养殖的模式研究
——以河蟹有机养殖为例

3.1　河蟹养殖概况

甲壳动物中约 1/6 是蟹类。蟹类在形态学和生态学上具有极大的多样性，因此有许多蟹类是可供养殖的潜在候选者。选择养殖种类一般需要综合考虑如下生物学特点：个体规格、繁殖习性、营养水平、群居或行为特征、生长率、病害及其他一些因素对养殖环境的适应性等（Provenzano，1985）。迄今为止食用蟹类中能够进行较大规模人工养殖的仅有 3 种：中华绒螯蟹、锯缘青蟹和三疣梭子蟹。中华绒螯蟹的养殖在中国大陆已经达到相当大的规模；锯缘青蟹的养殖主要在我国台湾、海南、福建、广东一带，印度尼西亚和菲律宾也有养殖；三疣梭子蟹是近年来兴起的海产养殖品种，遍布我国整个沿海一带。

中华绒螯蟹（*Eriocheir sinensis*）又称河蟹，养殖从 20 世纪 80 年代起步，经过近 40 年的发展，目前全国已经拓展到 20 多个省、市、区。养殖方式多样化，主要有池塘精养、围栏养殖、中小水面粗养及稻田养殖、池塘混养等形式。但随着河蟹养殖规模的不断扩大，已暴露出许多问题：一是产品质量明显下降，河蟹商品规格普遍偏小、体内重金属和药残超标，品质较差；二是河蟹种质资源出现混杂现象，目前已发现辽河蟹和长江蟹的杂交蟹，这种杂交蟹养殖死亡率高，回捕率很低；三是病害日趋严重，造成较大的经济损失；四是环境污染加剧，池塘精养和工厂化育苗导致面源污染。为了解决常规水产养殖所面临的环境、安全和健康问题，减轻生态系统压力，维护水产养殖可持续发展，有机水产养殖模式应运而生。

3.1.1　分类及地理分布

按照最新的分类方法，河蟹隶属节肢动物门（Arthropada）、软甲纲（Malacostraca）、十足目（Decapoda）、弓蟹科（Varuninae）、绒螯蟹属（*Eriocheir*）。绒螯蟹属有 5 种，经济意义较大的种类除河蟹外，还有日本绒螯蟹和合浦绒螯蟹。

河蟹原产我国，但由于人为因素和自然原因，河蟹目前已经在欧洲和美洲许多国家的入海河流形成稳定种群（表 3-1）。

表 3-1　河蟹在欧洲和美洲发现的时间及资料记载

国家或地区	首次发现时间	文献
德国	1919	Peters，1933
法国	1930	Panning 1939，Hoestland 1959
地中海（法）	1959	Hoestland，1959
荷兰	1980	Ingle，1986
英国	1935	Ingle，1986
芬兰	1960	Haahtela，1963
北美大湖	1965	Nepszy et al.，1973
密西西比河三角洲	1987	Horwath，1989
旧金山湾	1992	Collins et al.，1998

3.1.2　河蟹的生态习性及生活史

河蟹是洄游性的甲壳动物，一生中的多数时间在淡水中栖息生长，每年秋冬之交，二秋龄河蟹性腺成熟，进行生殖洄游，到河口浅海交配产卵繁殖。亲蟹抱卵数月，受精卵孵化成蚤状幼体。蚤状幼体在河口浅海半咸水中经 5 次蜕皮发育成大眼幼体；大眼幼体进行索饵洄游，随海潮从河口进入江河，继续脱壳发育成蟹种，至湖库等静水区生长、育肥至成熟。从大眼幼体发育至成蟹阶段，水产界存在不同的叫法，现做一归纳（见表 3-2）。本文以下各章中沿用蟹苗-豆蟹-扣蟹-成蟹叙述。

表 3-2 大眼幼体至成蟹阶段的不同名称

大眼幼体	V 期蟹	IX-X 期蟹	成蟹
蟹苗	豆蟹	扣蟹	成蟹
蟹苗	仔蟹	幼蟹	商品蟹
蟹苗	蟹种		成蟹

河蟹寿命一般为 2 年，但在人为因素影响下，当年成熟比较普遍，则其生活史仅为 1 年。其生活史简述见图 3-1。

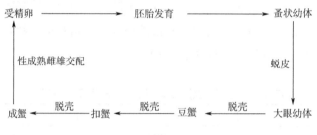

图 3-1 河蟹生活史简图

3.1.3 河蟹养殖现状

在河蟹养殖中，扣蟹养殖是养殖的关键环节。20 世纪 50 年代后期我国进行大规模水利建设，在通江湖泊水库兴修水闸、坝，阻断了河蟹的洄游路线，致使河蟹不能到内陆湖泊育肥生长。因此，从 20 世纪 60 年代我国即开展河蟹人工放流增殖，主要从长江口采捕蟹苗放流于内陆湖泊（许步劭等，1996）。20 世纪 80 年代，河蟹人工育苗技术的成功为我国河蟹养殖的稳步发展奠定了坚实基础，河蟹已成为我国目前内陆水体优质高效渔业的主要种类之一，产量逐年大幅度提高。

（1）育苗情况

20 世纪 50 年代初期，我国中华绒螯蟹苗的天然产量在 1000 公斤左右，到 20 世纪 70 年代初，通过人工放流蟹苗技术，曾使商品蟹的产量有较大回升。随着工农业发展带来的河道污染和超强度的亲蟹捕捞，我国天然蟹苗的产量开始逐年下降，目前年产量仅 100 公斤左右，几乎到了无苗可捕的地步，于是开始进行人工繁殖、培育蟹苗技术研究，并于 20 世纪 80 年代初达到批量生产水平。

我国自 20 世纪 80 年代初实现蟹苗的批量生产以来，生产规模逐年扩大，1987 年河蟹工厂化育苗厂有 46 家，年育苗产量为 2 吨；2000 年河蟹育苗厂的数量超过了 400 家，年产量突破了 180 吨，创造出了历史最高纪录。蟹苗产量的大幅度提高不仅解决了我国河蟹养殖的苗种来源问题，同时也缓解了天然蟹苗资源不足所引起的苗种供求矛盾，对河蟹生产的平稳、快速发展起到了重要作用。2001 年蟹苗生产受成蟹价格下跌的影响，苗种出现了滞销，产量有所下降，2002 年虽然有所回升，但增速减缓，之后迅速发展，到 2014 年达到创纪录的 942.39 吨，之后又出现一轮波谷，减产至 2017 年的 843.89 吨，近年产量有所上升，至 2019 年河蟹育苗量达到 936.62 吨。

除了蟹苗生产量的变化外，20 世纪 90 年代末我国河蟹育苗生产的最大变化是生产模式的改变，以往一直被推崇的工厂化生产方式正逐渐向土池生态育苗转变，产量也随着土池蟹苗生产热点的形成而逐年递增，2003 年土池蟹苗的产量约为 15 吨，占蟹苗总产量的 9.1%，随着土池育苗技术的成熟，生产比重进一步得到了提高（周鑫等，2003）。

（2）成蟹养殖现状

我国河蟹养殖从 20 世纪 80 年代起步，90 年代出现了全国性的河蟹养殖潮，养殖产量迅速增加。1990 年全国河蟹养殖产量仅为 4800 吨，2003 年发展到了 40 万吨，2012 年 65 万吨，2017 年 75.1 万吨，2019 年达到 77.9 万吨。经过近 30 年的发展，目前河蟹养殖已形成了以太湖、洞庭湖、洪泽湖、鄱阳湖、巢湖、阳澄湖等大中湖泊为基地，辽河、长江、闽江为产业带的区域集约化、规模化养殖格局。我国河蟹养殖业主要集中在华东、华中以及东北地区。2019 年我国华东地区河蟹产量达 52.4 万吨，占全国总产量的比重达 67.3%；其次为华中地区河蟹产量达 16.7 万吨，占全国总产量的比重达 21.40%；东北地区河蟹产量达 7.38 万吨，占全国总产量的比重为 9.47%。其中，江苏省在 2019 年河蟹产量达到 36.5 万吨，接近全国产量的一半；湖北省产量位居第二，为 15.9 万吨；安徽省产量位居第三，为 9.9 万吨（数据来源：中国渔业统计年鉴）。

河蟹池塘精养从 1980 年开始小面积试验，一般每亩（1 亩=666.67m²）产 80 公斤左右。大水面围栏和中小水面粗养主要分布在长江中下游地区的苏、皖、赣、浙、湘、鄂及北方地区的鲁、冀等地区。稻田养蟹具有投入少、见效快的特点，主要集中在苏、辽、冀等地区。

3.1.4 河蟹养殖中存在的主要问题

（1）产品质量明显下降

河蟹商品规格普遍偏小、品质较差。以往那种个体大（175～400g）、膏脂丰满，素有"青背白脐、金爪黄毛"的"清水大闸蟹"数量明显下降。在市场上，一方面劣质蟹产量猛增，价格大幅度下降；另一方面，正宗的大规格河蟹又奇货可居，身价不菲。主要原因是河蟹养殖者急功近利，利用大棚技术将幼蟹当年养成，而忽视了扣蟹养殖这个关键环节。如何提高池塘养蟹的商品规格，关键技术是研究池塘养蟹的生态要求，研究河蟹的生理生长机制，提高扣蟹养殖的规格和质量（高明，2003）。

（2）长江水系河蟹种质资源混杂

由于长期对长江口天然蟹苗和长江干流中成蟹的过度捕捞以及江湖建闸、水质污染等原因，1982年起长江天然蟹苗资源连续多年衰退，辽河和瓯江蟹苗乘机南下北上，造成了种质资源混杂。辽河蟹和长江蟹的杂交蟹养殖死亡率高，回捕率很低，给河蟹养殖业带来很大损失。

（3）病害日趋严重

目前河蟹养殖的病害主要有三种：颤抖病、黑鳃病、纤毛虫病。造成河蟹大批死亡的多为颤抖病和黑鳃病，在多数情况下两种病同时发生。河蟹病害给河蟹养殖业带来巨大损失。如江苏省1996年全省发病面积330公顷；1997年发病面积达到3300公顷，经济损失2000多万元；1998年发病面积近20000公顷，经济损失2亿元（樊祥国，2004）。

（4）饵料研究与开发不足

目前池塘养蟹还是采用较原始的方法，养殖户投喂方法不科学，没有根据河蟹的营养需求来饲养，或者使用其他水产养殖品种饲料，结果使河蟹营养缺乏、生长缓慢、疾病增加，品质下降。因此，河蟹人工配合饵料及有机饵料的研究与开发是进一步扩大河蟹养殖规模的关键之一。

3.1.5 蟹类疾病防治及研究进展

（1）蟹类常见疾病及防治方法

随着养蟹业的迅速发展，细菌性与病毒性等疾病不断发生，蟹病给国家和养殖者造成了巨大的经济损失，蟹病防治已成为当务之急。

河蟹疾病可由多种因素引起，大致可分为四类：由病毒、真菌和细菌等微生物引起的传染性疾病，如颤抖病、水霉病、链壶菌病、弧菌病、黑鳃病、腐壳病、幼蟹上岸病等；由寄生虫引起的侵袭性疾病，如聚缩虫病、拟阿脑虫病、蟹奴病、肺吸虫病、薮枝螅病等；由水质恶化或营养缺乏引起的疾病，如青苔着生、蜕壳不遂、软壳病、中毒症等；由敌害生物造成的疾病，敌害生物如水蜈蚣、华镖蚤、摇蚊幼虫、弹涂鱼、鼠、蛙、鸟类等（李林思，2001）。

河蟹疾病的防治，遵循"以防为主，防重于治，防治结合"的原则。常规防治方法有：

① 改善生态环境。保持河蟹生长的最佳水温，保持池水清新，防止水质污染，控制有机质含量及浮游生物的繁殖，保证池水溶氧充足等。

② 选择优质苗种，提高机体抗病力。

③ 用药物防治，抑制病原体的繁殖和生长。主要是用食盐溶液、高锰酸钾溶液、呋喃唑酮溶液、生石灰、硫酸铜、漂白粉等进行消毒；用磺胺类药物、土霉素、氯霉素、大蒜药饵防治。

（2）蟹类有机养殖过程中的疾病防治

所有的管理措施应当均在提高生物的抗病力；保持水体清洁，保证饲料质量，控制投饵量；允许使用生石灰、漂白粉和高锰酸钾对养殖水体和底泥进行消毒，以预防水生生物疾病的发生；禁止使用抗生素、寄生虫药或其他合成药品；当有必要进行药物治疗时，必须把患病生物置于池塘或水体下游 100m 外的围隔区，并采取隔离措施，被隔离的生物不能作为有机生物销售；当有发生某种疾病的危险不能通过其他管理技术进行控制时，或国家法律规定时，可接种疫苗，但不允许使用基因工程疫苗。

（3）蟹类疾病防治研究进展

蟹类疾病的发生与环境因子和营养条件密切相关，病毒、细菌、真菌、寄生虫等生物因素也能引起蟹类疾病的发生。各类疾病影响蟹类的健康生长，严重者可导致蟹类死亡，特别是在巨大经济利益的驱动下，蟹类养殖规模不断扩大，养殖密度相对较高，出现了疾病种类增多、发病率提高的趋势，给蟹类养殖带来重大影响，甚至成为制约蟹类养殖的瓶颈。国外对蟹病的研究重点集中在蓝蟹，主要在物种资源保护、环境保护、食品安全和公共卫生、天然资源的开发利用、医学等方面进行研究；国内的研究对象主要是中华绒螯蟹，其次是海水养殖的锯缘青蟹，主要是服务于养殖生产，疾病的研究主要集中在影响蟹类生产的几种疾病方面。

目前解决蟹病问题的方法主要是采用药物治疗，抗生素是目前水生动物防治病害的常用药物，但易带来药物残留等问题。另外，多次使用会产生耐药性菌株和塘泥污染的危害，从而难以有效控制病情，引起资金浪费、蟹品质下降、环境污染等后果。国内目前已对抗生素类药物的使用做了严格的限制。因此，开展免疫激活剂在水产养殖业上应用的研究，具有更广阔的前景。

现有的研究表明，甲壳动物和其他无脊椎动物一样，缺乏脊椎动物所具有的特异性免疫功能，其体内一般不产生免疫球蛋白（王雷等，1992），故采用接种免疫疫苗的方法来控制甲壳动物疾病效果甚微，其免疫反应依赖于非特异性免疫机制。生产实践和研究表明，某些维生素、多糖、中草药等免疫刺激剂能够增强对虾、罗氏沼虾等甲壳类的非特异性免疫力，从而提高其抗病力（罗日祥，1997；刘岩等，2000）。

有关蟹类免疫的研究，国内外报道不多，但相关甲壳类动物免疫的研究报道较多，如鲎（*Limulus*）免疫功能方面，国外学者已经开展了广泛的研究。鲎的体内有一个非常有效的非特异性免疫系统，包括细胞防御因子和体液防御因子，这些非特异性的防御因子可协同血细胞，对病菌等异物进行凝集、凝固、黑化、溶菌、杀菌、吞噬等免疫反应（Kawabata，1999）。

免疫增强剂，也称为免疫刺激剂（immunostimulants），是一类经动物口服、浸渍或注射后，可以调节或改善机体的免疫功能，提高机体的自身免疫和非特异性免疫能力，从而提高动物整体抗病力的物质。它能增强动物抵抗病毒、细菌、真菌及寄生虫等的感染能力，还能增强虾蟹类的非特异性免疫功能（Sakai，1999）。但免疫增强剂的作用时间极其重要，它不同于抗生素用于疾病的发生时期或初期，作用时间的长短也是免疫增强剂发挥作用的一个关键因素。

国内外对鱼用免疫增强剂的研究比较活跃，对甲壳类动物的免疫增强剂也有不少研究。目前通过试验认可可以作为免疫增强剂的有维生素、葡聚糖、中草药、肽聚糖、脂多糖、细菌多肽、几丁质、矿物质和激素等。中国对虾、南美白对虾等甲壳类注射或服用含多糖等成分的免疫增强剂后，可刺激其免疫系统，提高防御能力，达到防病治病、提高成活率的目的。针对甲壳类不具备特异性免疫系统的生理特点，可以采用免疫增强剂来启动和调节中华绒螯蟹非特异性免疫，提高其自身免疫能力。沈锦玉等（2004）认为免疫增强剂如多糖、灭活细菌苗和壳聚糖按一定的量加入饲料中饲喂中华绒螯蟹，可达到理想效果，且一个疗程的最佳时间为9天。

3.1.6 河蟹养殖发展前景

河蟹的营养成分丰富，具有很高的经济价值（表3-3）。随着河蟹养殖规模的扩大，河蟹市场价格整体呈下降趋势，但规格大、品质好的河蟹仍供不应求。今后应以市场需求为导向，产品质量为中心，降本增效为目的，科技进步为手段，推动河蟹养殖健康稳定发展。

表 3-3　河蟹与几种水产品的营养成分对比（引自李爱杰，1996）

成分	水产品名称									
	河蟹	梭子蟹	甲鱼	河虾	对虾	海参（水浸）	鳜鱼	鲫鱼	鲤鱼	带鱼
水分/g	71.0	80.0	79.3	80.5	77.0	83.0	77.1	85.0	79.0	73.0
蛋白质/g	14.0	14.0	17.3	17.5	20.6	14.9	18.5	13.0	18.1	15.9
脂肪/g	5.9	2.6	4.0	0.6	0.7	0.9	3.5	1.1	1.6	3.4
碳水化合物/g	7.4	0.7	0	0	0.2	0.4	0	0.1	0.2	2.0
热量/kJ	582.0	343.0	439.0	318.0	337.0	289.0	425.0	259.0	368.0	418.0
灰分/mg	1.8	2.7	0.7	0.7	1.5	0.8	1.1	0.8	1.1	1.1
钙/mg	129.0	141.0	15.0	221.0	35.0	357.0	79.0	54.0	23.0	48.0
磷/mg	145.0	191.0	94.0	23.0	150.0	12.0	143.0	203.0	176.0	204.0
铁/mg	13.0	0.8	2.5	0.1	0.1	2.4	0.7	2.5	1.3	2.3
维生素 A/IU	5900	230	—	—	360	—	—	—	140.0	—
硫胺素/mg	0.03	0.01	0.62	0.02	0.01	0.01	0.01	0.06	0.06	0.02
核黄素/mg	0.71	0.51	0.37	0.08	0.11	0.02	0.10	0.07	0.03	0.06
尼克酸/mg	2.7	2.1	3.7	1.9	1.7	0.1	1.9	2.4	2.8	2.2

加强河蟹天然繁育场所的保护，通过实施休渔、亲蟹人工放流等措施，限制天然河蟹苗的捕捞区域和捕捞强度，确保河蟹正常自然繁殖。

有机养殖技术的研究和有机养殖模式的推广是今后河蟹进行生态养殖和健康养殖的发展方向，有机养殖接近河蟹生长的天然条件，生产的河蟹规格大、品质好，很受市场欢迎。通过开展河蟹有机养殖，可有效预防河蟹的病害发生，提高产量和质量。目前江苏省高淳县正在积极进行河蟹的有机养殖认证，为引导和推进河蟹养殖的有机产业化、树立"有机蟹"品牌起到了很好的带动作用。

当前，在河蟹有机养殖过程中，要根据大多数地区还是以分散养殖经营为主的特点，积极引导和推进公司+农户、行业协会和生产合作社等产业化组织建设。与当今的大市场之间进行有机衔接，努力提高养殖生产组织化程度，走产业化发展的路子。

3.2 有机河蟹养殖技术

有机水产养殖包含众多因素，从而确保养殖活动与自然协调一致，同时顾及被养殖动物的健康和生存条件。主要因素有：

① 全面监控养殖活动对环境的影响，以防发生负面影响。

② 将自然植物群落同养殖场的管理相结合。

③ 尽可能实施混养以形成可持续养殖体系。

④ 在引进外来品种时应采取特别谨慎的态度。

⑤ 按有机加工标准加工产品。

⑥ 采用自然养殖方法，不用激素和抗生素。

⑦ 养殖品种和饲料不涉及转基因技术。

⑧ 限制养殖密度。

⑨ 饵料和肥料必须来自获得认证的有机产品。

⑩ 使用造成水产品不适合人类消费的饵料成分。

⑪ 在营养链中限用添加剂。

⑫ 不得使用无机肥。

⑬ 不得使用合成杀虫剂、除草剂、生长素和色素等。

⑭ 限制使用能源（如充氧机）。

⑮ 尽量采用自然药物治病。

⑯ 采取措施防止养殖品种逃逸。

⑰ 不得对养殖品种造成人为缺损。

⑱ 应尽量减少生物被宰杀时的紧张和痛苦。

有机生产通常被认为是一种真正的"可持续生产方式"，可产生良好的环境、经济和社会效益。

河蟹养殖要经过蟹苗-扣蟹（苗种）-成蟹三个养殖阶段，性腺未成熟的一龄幼蟹每千克约 100～200 只，形似纽扣大小，水产上俗称"扣蟹"。河蟹养殖业常常把这三个阶段分开进行养殖，形成不同的河蟹养殖企业。

3.2.1 河蟹有机养殖技术路线

根据有机水产养殖的标准，按有机认证的要求，建立科学的管理体系，从蟹苗培育开始到扣蟹销售完成进行全过程的跟踪监控，并做好档案记录。有机食品生产的管理体系主要包括：苗种选购管理、投饵管理、水源环境管理、日常监测管理、病害防治管理、运输管理、销售管理。主要生产技术路线见图 3-2。

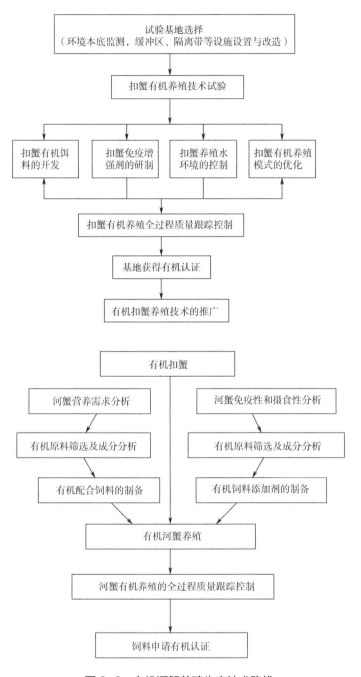

图 3-2　有机河蟹养殖生产技术路线

3.2.2 有机养殖场址的选择

有机养殖场选址时，应当考虑到维持养殖场的水生生态环境和周围水生、陆生生态系统平衡，并有助于保持所在水域的生物多样性。养殖场应当不受污染源和常规养殖场的不利影响。对拟选场址应先进行地质、水文、气象、生物、社会环境等方面的综合调查，在此基础上，提出建设方案，经可行性论证，向有关部门报批后，再进行严密的设计和严格的施工，以较少的投资和较快的速度，获得最理想的工程效果。具体条件如下：

① 培育池选择与改建，以靠近水源，水量充沛，水质清新，无污染，进排水方便，周围 1.5km 范围内没有污染源，产地应远离城镇、工厂、交通主干线，但以交通便利的土池为好；产地应建有独立的排灌系统或采取有效措施保证所用的水不受禁用物质的污染。

② 独立塘口或在大塘中隔建均可，培育池与周围常规农业区之间应有隔离带或设立不少于 8m 的缓冲带，缓冲带上若种植作物，应按有机方式栽培，但收获的产品只能按常规处理。如隔离带涉及水域的，水域不能影响有机蟹的生产。培育池要除去淤泥。在排水口处挖一个蟹槽，大小为 2m²，深为 80cm，塘埂坡比为 1：(2~3)。塘埂四周用 60cm 高的钙塑板或铝板等作防逃设施，并以木、竹桩等作防逃设施的支撑物。

③ 面积以 400~2000m² 为宜，水深 0.8~1.2m；形状以东西向长、南北向短的长方形为宜。

④ 土质以黏壤土为宜，土壤中重金属及药残含量应符合《土壤环境质量标准》（GB 15618—2018）中的一级标准。

3.2.3 有机养殖场的本底项目监测

（1）养殖水体水质要求

养殖场及其水源水质必须符合 GB 11607—1989《渔业水质标准》。封闭水体的排水应当得到当地环保行政部门的许可，鼓励封闭水体底泥的农业综合利用。

有机养殖前，养殖用水的水质按《渔业水质标准》（GB 11607—1989）的指标和方法对重金属和药残进行监测，确定养殖用水是否符合有机养殖要求，具体见表 3-4。

表 3-4　养殖用水测定项目及测定方法、测定标准

测定项目	测定方法	测定标准
pH	玻璃电极法	GB 6920—1986
六价铬	二苯碳酰二肼分光光度法	GB 7467—1987
总汞	冷原子吸收分光光度法	GB/T 7468—1987
铜、铅、镉、锌	原子吸收分光光度法	GB 7475—1987
总砷	原子荧光光谱法	GB/T 39306—2020
挥发酚	4-氨基安替比林分光光度法	GB/T 7490—1987
硫化物	亚甲基蓝分光光度法	GB/T 16489—1996
总氰化物	异烟肼-吡唑啉酮比色法	GB/T 7486—1987
氟化物	离子选择电极法	GB 7484—1987
石油类	红外分光光度法	GB/T 16488—1996
有机磷农药	气相色谱法	GB 13192—1991
甲基对硫磷	气相色谱法	GB 13192—1991
马拉硫磷	气相色谱法	GB 13192—1991
六六六	气相色谱法	GB 13192—1991
DDT	气相色谱法	GB 13192—1991
总大肠菌群	多管发酵法	《水和废水监测分析方法》

按照《地表水环境质量标准》（GB 3838—2002）规定的方法进行采样和分析。采样分析的参数包括温度（T）、pH 值、溶解氧（DO）、化学好氧量（COD_{Mn}）、硫化物（以 S^{2-} 计）、硝酸盐（NO_3^-）、亚硝酸盐（NO_2^-）、氨氮（NH_4^+-N）、总磷（P）9 项指标。其中，温度（T）、pH 值、溶解氧（DO）、亚硝酸盐（NO_2^-）、氨氮（NH_4^+-N）每天用便携式测试剂进行监测，监测指标、方法和依据见表 3-5。

表 3-5　养殖水体水质监测指标、方法和依据

指标	方法	依据
温度（T）	温度计法	GB 13195—1991
pH 值	玻璃电极法	GB 6920—1986
溶解氧（DO）	电化学探头法	GB/T 11913—1989
化学好氧量（COD_{Mn}）	水质高锰酸盐指数法	GB 11892—1989
硫化物（S^{2-}）	亚甲基蓝分光光度法	GB/T 16489—1996
硝酸盐氮（NO_3^-）	酚二磺酸分光光度法	GB 7480—1987
亚硝酸盐氮（NO_2^-）	N-(1-萘基)-乙二胺分光光度法	GB 7493—1987
氨氮（NH_4^+-N）	水杨酸分光光度法	GB/T 7481—1987
总磷（P）	钼酸铵分光光度法	GB 11893—1989

（2）养殖场池底质监测

养殖前，取池塘底层10cm处土壤作为池塘本底样本进行重金属和药残分析，以确定该养殖场所是否满足有机养殖要求；养殖后期，取池塘底表层淤泥进行重金属和药残分析，可以进行对照比较。具体测定项目、方法和标准见表3-6。

表3-6　养殖场池底质测定项目、方法和标准

测定项目	测定方法	测定标准
铜、锌	火焰原子吸收分光光度法	GB/T 17138—1997
总汞	冷原子吸收分光光度法	GB/T 17136—1997
铬	火焰原子吸收分光光度法	GB/T 19137—1997
铅、镉	石墨炉原子吸收分光光度法	GB/T 17141—1997
总砷	硼氢化钾-硝酸盐分光光度法	GB/T 17135—1997
六六六	气相色谱法	GB/T 14550—2003
DDT	气相色谱法	GB 13192—1991

3.2.4　有机养殖的管理

（1）养殖环境管理

所有的管理措施应当能提高生物的抗病力；保持水体清洁，保证饵料质量，控制投饵量；允许使用生石灰、漂白粉、菜籽饼和高锰酸钾对养殖水体和底泥进行消毒，以预防水生生物疾病的发生；禁止使用抗生素、寄生虫药或其他合成药品；当有必要进行药物治疗时，必须把患病生物置于池塘或水体下游100m外的围隔区，并采取隔离措施，被隔离的生物不能作为有机生物销售；当有发生某种疾病的危险不能通过其他管理技术进行控制时，或国家法律规定时，可接种疫苗，但不允许使用基因工程疫苗。结合河蟹的生长特点，并且与常规养殖进行了比较研究，制定管理技术见表3-7。

表3-7　有机养殖体系和常规养殖体系的管理技术比较

管理措施	有机河蟹养殖池	常规河蟹养殖池
肥水	充分发酵沼液（150kg/ha）	充分发酵沼液（150kg/ha）
饵料	有机饵料及天然生物饵料	常规饵料
疾病控制	非特异性免疫，增强自身抗力力，池周围设置隔离带，生石灰消毒	生石灰消毒、抗生素控病
水质保持	充分换水、曝气机曝气生石灰	充分换水、曝气机曝气生石灰、水质改良剂

具体措施如下：

① 在放苗前 2 周，每亩先施 150 公斤生石灰清塘，后施发酵腐熟的沼气液 100～150 公斤，以培育大型浮游动物如桡足类、枝角类等（鱼虫），为下池蟹苗提供适口的优质天然饵料，提高幼蟹培育成活率。使池塘中水质保持肥、活、爽状态，呈嫩绿色，但不能有青泥苔等杂物存在，水的酸碱度保持微碱性，定期进行溶氧监测，保证溶氧量在 4mg/L 以上。并在放苗前栽植水花生等水草，为蟹苗变态提供附着物和天然植物饲料，水草覆盖率控制在 60% 左右。

② 水质、水温与控制性早熟发生有较大关系。水温过高会使河蟹性早熟，水质过差也会导致河蟹性腺发育，引起性早熟。高温季节加深水位，换水时经曝气池适当升温后再注入养殖池。6～7 月份期间每隔 5 天调节换水一次，排出池底旧水，注入新水，换水量为池水总量 1/4 左右。

③ 每 10 天用生石灰浆水泼洒蟹池，以调节池水的 pH 值，并起到消毒防病、增加钙质含量作用。用量为 75～105 公斤/公顷。

④ 每天三次巡视检查蟹池，做好防逃、防病、防洪、防鼠四防工作。

⑤ 每 30 天测量检查河蟹生长情况，包括个体称重、测体长等，检测每阶段生长速率。

（2）有机养殖饵料要求

有机水产养殖的饵料必须是经 OFDC 或 OFDC 认可机构认证的有机饵料，或来自野生的水生饵料。使用野生鱼类作为饵料时，必须遵守国家有关渔业的法规。在有机认证的或野生的饵料数量或质量不能满足要求时，可以使用最多不超过总饵料量 5%（以干物质计）的常规饵料。在需要饵料投入的系统中，饵料中至少有50% 的水生动物蛋白来源于副产品或不适合人类消费的品种。

允许使用天然的矿物质添加剂、维生素和微量元素，禁止使用人粪尿和直接使用动物粪肥。允许使用的饵料添加剂包括：细菌、真菌和酶，食品工业的副产品（如糖浆），初级植物产品。禁止添加于饵料或以任何方式喂食生物的物质包括：合成的促生长剂、合成的诱食剂、合成的抗氧化剂和防腐剂、合成色素、尿素等化肥、来源于相同物种的原料、经化学溶剂提取的饵料、化学提纯的氨基酸、基因工程生物或产品。

（3）有机养殖周期

鱼类从鱼苗到捕捞的全过程都必须生长在有机生产体系中，其他水生生物至少在其后 2/3 生命周期采取有机方式养殖。封闭水域从常规养殖过渡到有机养殖至少需要 12 个月的转换期，或大于要求转换生物的一个生长周期。

3.2.5 河蟹有机养殖的环境标准

表 3-8 和表 3-9 列出了养殖池底质中重金属及农残含量和养殖用水背景标准。养殖用水符合《渔业水质标准》（GB 11607—1989），养殖池底质中药残、农残和重金属含量符合《土壤环境质量标准》（GB 15618—2018）中的一级标准。

表 3-8　养殖池底质中重金属及农残含量情况　　　　单位：mg/kg

指标	铜	铅	镉	锌	铬	砷	总汞	六六六	DDT
土壤标准	35	35	0.20	100	90	15	0.15	0.05	0.05

表 3-9　养殖用水背景标准

指标	pH	铜	铅	镉	锌	铬	砷	汞	挥发酚	硫化物
渔业水质标准	6.5～8.5	0.01	0.05	0.005	0.1	0.1	0.05	0.0005	0.005	0.2

指标	总氰化物	氟化物	石油类	有机磷农药	甲基对硫磷	马拉硫磷	六六六	DDT	总大肠菌群（个/L）
渔业水质标准	0.005	1	0.05	0.1	0.0005	0.005	0.002	0.001	≤5000

注：除 pH、总大肠菌群外，其余单位均为 mg/L。

3.3　河蟹有机养殖关键技术开发

3.3.1　河蟹有机饵料开发

（1）河蟹饵料概况

随着国民经济的高速发展和农业结构调整的深入，我国水产养殖业得到迅速发展。其中，以半精养（集约化养殖）为主的水产养殖业，已有近 20 年的历史。从 1988 年起，我国水产养殖的产量首次超过捕捞量，到 2002 年，我国水产养殖产量高达 $2.91×10^7$ 吨，占水产品总产量的 63.68%，人均水产品占有量达到 36 公斤，超过世界平均水平（30 公斤）；2002 年全国虾、蟹类养殖总产量为 $1.79×10^6$

吨，其中内陆水体虾蟹类养殖产量为 $1.23×10^6$ 吨，海水蟹类养殖产量 $5.62×10^5$ 吨（侯俊利等，2004）。

水产养殖的迅速发展，使水产饲料工业随之快速发展，并已成为国民经济中新的增长点，也促进了蟹类营养生理和营养需求研究不断深入。饵料的主要营养成分有粗蛋白、粗脂肪、碳水化合物、矿物质和维生素等，具有供给能量、构成机体、调节生理机理的功能（李爱杰，1996），而其中粗蛋白不仅是生物体重要组成成分，而且还具有催化、调控代谢的功能，是影响水产动物生长关键的营养成分。

目前市场上销售的河蟹合成饵料（常规饵料）是多种组分（包括鱼粉、鱼油、粮食类、化学合成物质等）的加工合成产物，营养成分单一，不容易被生物完全消耗。一般投喂后会损失 20%以上的粗蛋白、50%的碳水化合物和 85%～95%的维生素（侯俊利等，2004）。饲料中多达 77%的氮化合物和 86%的磷化合物会进入水环境，导致淤泥中污染物增加、BOD（生物需氧量）提高。就虾蟹养殖而言，未被消耗的过剩饵料是造成养殖池内自身污染最主要的污染源（曲克明等，2000）。另外，蟹类的饲料营养可影响产品质量，2002 年因为检出氯霉素，欧盟全面禁止我国虾蟹类等水产品的进口，给我国水产品生产和加工企业造成巨大经济损失。虾蟹类饵料营养平衡达不到规模化养殖的要求，抗生素等化学药物的滥用和残留开始威胁虾蟹养殖业。

理想的饲料应最大限度地被水产动物消化吸收，粪便产生量少；应尽可能选择易于消化、吸收的饲料原料组成配合饲料；对难以消化的原料，不宜使用，这样可以减少因为难以消化导致营养过量而形成的废物。进食的蛋白质质量不高，会导致消化率低，从而增加粪便氮排出量；进食蛋白质过多，也会导致氮的排泄量增加。大多数配合饲料都倾向于减少日粮中的蛋白质含量，而相应增加如脂类等相对无污染和高度可消化的能量来源（林仕梅等，1999）。

因此，目前生产上急需选择消化性好的原料，辅以促进消化功能和免疫功能的添加剂，最大限度降低不良药物的使用，从而减少自身污染，改善蟹类肉质品质，保持野生天然肉质和风味，促进绿色环保型饲料的发展和水产品安全。有机饵料从理论上讲可以达到如上要求。

有机饵料是随有机农业出现的产物。随着人们对有机食品的青睐和重视，以及健康和安全意识的提高，有机食品（包括有机水产品）的需求越来越多。根据国际有机食品认定机构制定的标准，使用有机饵料喂养的动物产品方可为有机动物产品。有机饵料的价值在于其生产原料必须是经有机认证的或来自于天然的物质，不含任何化学合成物质（包括化学肥料、杀虫剂、抗生素、促生长剂、化学合成色素等）以及基因工程产品及技术。

（2）有机饵料的研制

有机饵料成分为获得 OFDC 有机认证的有机大豆、有机小麦、有机大米、有机面粉以及天然鱼粉、天然鱼杂碎并添加有机中药添加剂，按一定的比例混合粉碎制粒而成。有机小麦、有机大豆、天然鱼粉为有机配合饵料的基础饵料，主要提供扣蟹生长所需的蛋白质、脂肪、糖类（碳水化合物）、部分维生素；有机面粉主要起黏合剂作用；有机添加剂主要提高扣蟹的新陈代谢能力、免疫力和杀菌力，并提供部分生长所需的维生素和蜕壳所需的钙、无机盐等。主要营养成分见表 3-10。

表 3-10　有机饵料主要营养成分表　　　　　　单位：%

适用期	粗蛋白质	赖氨酸	糖类	粗脂肪	粗纤维	粗灰分	Ca	P	规格
扣蟹培育	34～44	≥1.80	21～31.0	≥4.0	≤8.0	≤12.0	1.0～3.0	≥1.2	前期为破碎料 Φ0.5mm；后期为颗粒料 Φ1.5mm

（3）有机饵料的投喂试验

① 试验设计。试验基地为宋庄镇水产养殖公司邵庄扣蟹养殖场。基地周围 2km 范围内无工业污染源。占地 0.53 公顷，共有 8 个 8m×50m 养殖池，池深 1.2m，池埂 2m（池埂按有机方式种植农作物）、1 个 300m² 曝气池、2 口 40m 深水井，进排水方便（见图 3-3）。养殖用水为井水，经检测符合《渔业水质标准》（GB 11607—1989）；养殖池底质中药残、农残和重金属含量经检测符合《土壤环境质量标准》（GB 15618—2018）中的一级标准。

将养殖基地 8 个养殖池按顺序编号为 1 至 8 号，有机养殖与常规养殖以一个养殖池为曝气池相互隔离，互不影响。试验选择 1 号和 2 号为常规养殖池，3 号作为曝气池及隔离带，4 至 8 号池为有机养殖池。4 号、5 号池作为有机养殖模式与 1 号、2 号池做对照试验；6 号、7 号、8 号池在有机饵料中添加中药添加剂试验（见图 3-3）。养殖用水为井水，养殖期间定期注入经曝气的井水至 80～100cm 深。

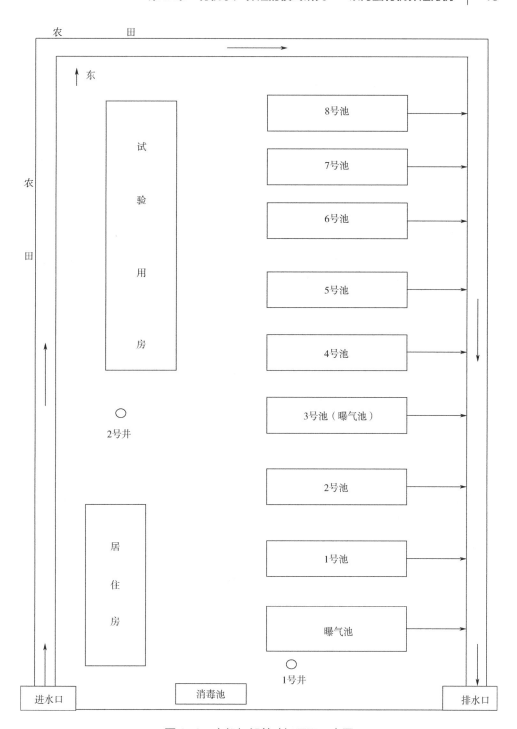

图 3-3　有机扣蟹养殖场平面示意图

以中华绒螯蟹大眼幼体长成扣蟹为试验阶段，大眼幼体购自赣榆县金兴育苗，18万尾/kg。试验池设有机养殖试验2组，常规养殖1组，每组2个平行试验。具体为Y_0：常规养殖（1号、2号池），用常规饵料喂养；Y_1：有机养殖（5号池，中间用密网从底泥到水面上20cm隔开），采用有机合成饵料；Y_2：有机养殖（6号池，中间用密网从底泥到水面上20cm隔开），采用有机合成饵料加0.5%中药添加剂。有机养殖与常规养殖以一个宽8m的曝气池相互隔离，互不影响。试验时间为5～9月份。大眼幼体于5月中旬入池，投放密度为270尾/m³。

② 扣蟹生长情况。不同配方饵料养殖扣蟹的生长情况见图3-4～图3-7。在随机取样的20只扣蟹中，有机养殖组的扣蟹相对比较整齐，规格相差不大，而常规养殖组的扣蟹规格参差不齐，差别较大。扣蟹体重的增长在开始后一个月即显示出差异，Y_0平均体重0.68g，Y_1均重0.84g，Y_2均重1.07g，Y_0与Y_1差异不显著（$p>0.05$），Y_0与Y_2差异显著（$p<0.05$）；第二个月扣蟹的增重情况与第一个月相似，但Y_0比Y_1增重率要高一些，但二者差异不显著，Y_0、Y_1与Y_2差异显著；第三个月，Y_1均重6.30g、Y_2均重7.20g，而Y_0均重是4.85g，Y_1、Y_2与Y_0差异显著（$p<0.05$），其大小顺序为$Y_2>Y_1>Y_0$（图3-4）。壳长和壳宽生长表现为正相关（图3-5、图3-6），从蟹苗蜕皮变成幼蟹后，表现为壳宽>壳长（图3-7）。开始阶段，Y_0、Y_1、Y_2平均壳长分别是1.05cm、1.10cm、1.13cm，平均壳宽分别是1.15cm、1.20cm、1.25cm，各试验组的壳长、壳宽增加无明显差异；中间阶段，Y_0的壳长、壳宽略高于Y_1和Y_2组，但差异不显著（$p>0.05$）；后期，Y_0、Y_1、Y_2的壳长分别是1.74cm、2.75cm、2.80cm，壳宽分别是1.96cm、2.80cm、2.95cm，Y_0与Y_1、Y_2差异显著（$p<0.05$），有机养殖组明显高于常规养殖组，其大小顺序表现为：$Y_2>Y_1>Y_0$（图3-7）。扣蟹期，扣蟹的壳长、壳宽与体重的正相关不明显。

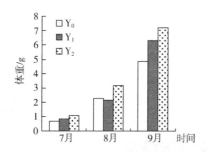

图3-4 不同饵料对扣蟹体重的影响

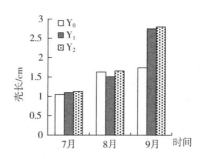

图3-5 不同饵料对扣蟹壳长的影响

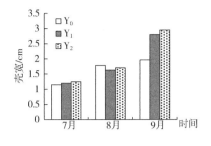

图 3-6　不同饵料对扣蟹壳宽的影响

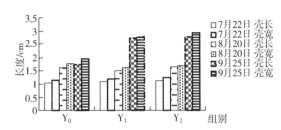

图 3-7　扣蟹壳长、壳宽对比图

③ 扣蟹体内氨基酸和粗蛋白含量。扣蟹虽然不是最终的产品，但其体内的氨基酸和粗蛋白含量能够反映成体河蟹的品质。表 3-11 列出了养殖后期扣蟹体内氨基酸和粗蛋白含量的测定结果。Y_2 的体内粗蛋白含量、必需氨基酸含量分别为55.43%、48.07%，Y_1 分别为47.31%、41.08%，Y_0 分别为46.55%、40.64%，常规饵料养殖组扣蟹的氨基酸含量明显低于 2 个有机饵料养殖组，其中 Y_2 组又明显高于其他 2 组，粗蛋白含量和氨基酸含量的高低顺序是 $Y_2 > Y_1 > Y_0$。对于 8 种必需氨基酸含量，Y_0 除苏氨酸（Thr）略高于 Y_1 组外，其余均低于 Y_1 和 Y_2 组，Y_2 组明显高于 Y_1 和 Y_0 组。

表 3-11　扣蟹体内氨基酸、粗蛋白含量比较　　　　　单位：g/100g 干重

氨基酸	Y_0	Y_1	Y_2
天门冬氨酸（Asp）	4.03	4.04	4.64
谷氨酸（Glu）	6.21	6.22	7.32
丝氨酸（Ser）	1.59	1.58	1.82
组氨酸（His）	0.96	0.99	1.08
甘氨酸（Gly）	2.89	3.05	3.70
脯氨酸（Pro）	2.07	2.08	2.18
精氨酸（Arg）	3.08	3.14	3.96
丙氨酸（Ala）	2.98	2.78	3.55
酪氨酸（Tyr）	1.29	1.28	1.59
半胱氨酸（Cys）	0.47	0.51	0.58
缬氨酸（Val）[①]	2.25	2.26	2.68
蛋氨酸（Met）[①]	1.01	1.02	1.30
苯丙氨酸（Phe）[①]	2.05	2.08	2.36

续表

氨基酸	Y_0	Y_1	Y_2
异亮氨酸（Ile）[1]	2.40	2.48	2.60
亮氨酸（Leu）[1]	3.33	3.36	3.76
赖氨酸（Lys）[1]	2.17	2.28	2.79
苏氨酸（Thr）[1]	1.75	1.72	1.93
色氨酸（Trp）[1]	0.20	0.21	0.23
氨基酸总量	40.64	41.08	48.07
粗蛋白含量	46.55	47.31	55.43

[1]为必需氨基酸。

④ 扣蟹体内重金属和药残含量。在不同饵料配方养殖中，扣蟹体内重金属和药残含量情况见表 3-12。除常规饵料喂养组的六六六检出外，其余指标均符合有机蟹卫生质量地方标准（DB32/T 609.3—2003）。在重金属含量方面，有机养殖组较常规养殖组低，重金属含量由低到高的顺序是：$Y_2 < Y_1 < Y_0$。

表 3-12　扣蟹体内重金属和药残含量比较　　　　单位：mg/kg

重金属/农药	Y_0	Y_1	Y_2
Cu	4.6	4.0	3.5
Pb	0.101	0.133	0.098
Cd	0.0533	0.0469	0.0233
Hg	0.010	0.007	0.004
As	0.47	0.50	0.39
亚硝酸盐	未检出	未检出	未检出
六六六	0.00006	未检出	未检出
DDT	未检出	未检出	未检出
有机蟹卫生质量标准（DB32/T 609.3—2003）	Cu：5mg/kg；Pb：0.5mg/kg；Cd：0.1mg/kg；Hg：0.3mg/kg；As：0.5mg/kg；亚硝酸盐：3mg/kg；六六六：不得检出；DDT：不得检出		

注：六六六为四种（α-六六六、β-六六六、γ-六六六、δ-六六六）异构体总量。

⑤ 扣蟹性早熟情况。在试验后期，与 9 月底取样分析试验组扣蟹性早熟情况，随机网捕扣蟹 30 只，计数性早熟扣蟹个数，共进行 5 个批次采样计数，结果见表 3-13。

表 3-13　扣蟹性早熟采样统计表

组别	Y_0	Y_1	Y_2
采样数/只	150	150	150
性早熟数/只	20	3	0
性早熟比例/%	13	2	0

（4）结论分析

在中华绒螯蟹营养需求中，蛋白质是其中的主要成分，而蛋白质的营养价值取决于蛋白质自身的氨基酸组成。目前较为一致的看法是作为饵料的蛋白质其在氨基酸组成及含量等方面与动物本身相似者可被认为是最佳的饵料（楼伟风等，1989）。徐新章等（1996）采用 0.618 优选法确定饵料中营养指标，得出大眼幼体到体重 0.1g 蟹饵料中适宜的蛋白质含量为 48.6%、到体重 0.1g 以上河蟹的饵料适宜蛋白质含量为 41.7%。樊发聪（1991）以河蟹食性为依据，得出饲料蛋白质适宜含量为 46%。刘学军（1990）认为河蟹前期饲料蛋白质适宜供给量为 41%，中后期为 36%。饵料的不同对河蟹蛋白质的消化率有显著影响，徐新章等（1996）报道 3～5g 河蟹对配合饲料蛋白质消化率为 94.19%。谭德清等（1995）报道了 20～90g 河蟹对配合饲料蛋白质消化率为 69.76%～82.93%。而朱晓鸣等（1997）发现，幼蟹对水蚯蚓、小麦粒和伊乐藻三种天然饵料的蛋白质消化率为 90.87%～96.71%。本研究中用天然鱼粉和天然鱼杂、有机大豆和小麦作为原料蛋白质源，研制的扣蟹有机饵料，在扣蟹体重增加、体长增长、体内氨基酸和必需氨基酸含量、粗蛋白含量等方面均优于常规配合饵料，而添加中药添加剂的有机饵料效果更为明显（$p<0.01$）。扣蟹体内粗蛋白含量在 46.55%～55.43%，与研制的有机饵料中蛋白质含量相符。研究还发现，在扣蟹期，扣蟹体重和体长的增长正相关性不明显，这可能是扣蟹蜕壳频繁，其体内的水分含量以及甲壳的重量在蜕壳后有变化引起的。关于扣蟹生长过程中体重和壳长、壳宽关系的研究也是一个有意义的课题。

扣蟹体内重金属和药残的含量是衡量食品卫生安全的关键指标之一，有机蟹不应有任何重金属的污染和人工合成化学药剂的残留。试验中，用有机饵料喂养的扣蟹，体内重金属和药残含量均符合有机蟹卫生质量地方标准，而常规饵料喂养组的药残含量则有所超标，由于在常规养殖中也未使用药物，说明常规饵料可能是导致扣蟹体内药残检出的原因。表明研制的有机饵料在扣蟹食品质量安全控制方面是有效的。

由于河蟹偏重于食动物性饵料，在动物性饵料及淀粉饲料充足的条件下，河蟹对水草的摄食率不高（朱晓鸣等，1997）。而饵料中动物性原料增加会导致河蟹幼体阶段性早熟现象出现。本试验发现常规饵料养殖中在样方统计时发现有 20 只性早熟扣蟹；而在配制有机饵料时，根据扣蟹的不同生长阶段，控制动物性饵料的含量，并根据有机生产标准进行管理，试验后期经采样统计，常规饵料喂养的扣蟹性早熟比例为 13%，有机饵料养殖中性早熟比例最高仅为 2%，表明有机饵料在控制扣蟹性早熟方面也是有效的。

有机水产养殖不允许使用任何化学合成物质，研制出适合有机水产养殖的有机饵料是保证河蟹开展有机养殖的关键。近几年国际社会都在尝试有机水产养殖方式，但由于没有在同等条件下进行比较试验，难以对有机水产养殖特别是有机饵料的使用效果进行客观评价。本试验抽取常规饲料样品，并使用有机饵料，在同等条件下进行喂养效果比较试验，这在我国和国际上尚属首次。在这次试验中，从取样到试验结果的评价采取了一系列较为科学的方法，确保了试验结果的准确性和可比性，为今后的类似试验提供了经验。这次试验对于河蟹有机饵料产品质量的提高，建立和完善河蟹有机饵料产品质量评价体系将发挥借鉴作用。

3.3.2 有机河蟹的非特异性免疫力研究

（1）水产动物免疫研究的现状

免疫是人和动物机体识别和清除抗原异物，保持体内、外环境平衡的一种生理反应。人类对免疫的研究已形成了免疫学这门新兴学科。近 20 年来随着生物化学和分子生物学等学科的发展和渗透，这一学科产生了众多分支学科，从理论到实践取得了一系列重要进展，如发现了免疫应答的遗传控制、抗体多样性的遗传基因和大量免疫分子的结构与功能，创立了免疫调节网络学说及单克隆抗体技术，研制应用了各类基因工程疫苗、合成肽疫苗及抗独特型疫苗。70 年代至今本研究领域有 6 人获得诺贝尔奖，免疫学已成为生命学科中最有生机和研究成果的前沿学科之一。作为这门学科中重要分支学科的水产动物免疫学同样获得了长足进展，但差距甚远，难以适应水产养殖高速发展的需要。

① 我国水产动物免疫研究的特点。我国对水产动物的免疫研究起步晚，

但发展较快。研究的动物涉及草鱼、青鱼、鲢、鳙鱼、鲤、鲫、鳜、鳝、长吻鮠、甲鱼、贝类、虾蟹类等。研究内容包括免疫器官、免疫组织、免疫细胞、免疫球蛋白、单克隆抗体、淋巴因子、补体、干扰素、血清学诊断、免疫检测、疫苗研制、免疫佐剂、免疫增强剂、影响免疫效果的因素和抗病育种等；应用的试验手段除病原微生物学检验技术、组织胚胎学实验技术、病理生理学实验技术和一般的免疫学实验技术外，还较多采用了一些分子生物学实验方法，取得了一系列研究成果，在水产动物的疾病防治和养殖生产中发挥了重要作用（肖克宇，2000a）。

②　水产动物免疫研究中存在的主要问题及其对策。水产动物免疫学和兽医免疫学同医学免疫学一样是免疫学的分支学科，其基本研究内容是一致的，但各有侧重，前两者侧重于免疫诊断和免疫防治，而后者侧重于临床免疫学。目前医学免疫学和兽医免疫学的发展十分迅速，对水产动物免疫学发展有重要的借鉴和促进作用，但水产动物是包括鱼、虾、蟹、贝类、两栖类和爬行类等进化程度互不相同的一系列动物，其免疫系统的进化水平和免疫应答机制有较大差别，在研究内容和方法上既具有共性也有其自身特点。如果仅采用免疫学的一般实验方法来研究水产动物免疫学显然是不够的，这在一定程度上制约了水产动物免疫学的发展。对于我国来说，用常规方法对各类水产动物的免疫研究都还十分薄弱，对蟹、蛙、贝类的免疫几乎停留在简单介绍国外零碎的知识上。即使是研究较多的动物，仍有大量空白点，如蛙、鳖、龟的骨髓是否是中枢免疫器官？蛙类能产生 IgG，进化更高的爬行类是否能产生 IgG？两栖类和爬行类的补体及其特性如何？贝类和虾、蟹等是否产生特异性免疫？在抗传染能力上水产动物的体液免疫和细胞免疫究竟哪种更重要？复杂的环境因素对免疫应答有多大影响？在应用方面，国内已报道了很多快速诊断方法，有的还制备了诊断试剂盒，但普及应用程度低。研制的各类疫苗已超过 10 种，除草鱼出血病疫苗外，都较少用于生产。绝大部分或因成本过高或因技术参数不完整，甚至某些关键技术未有根本性突破，致使难以进行标准化、工厂化生产，有些产品和技术在试用中并未获得预期效果。如此诸多悬而未决的问题使得用户对水产动物生物制品的信用度有所下降，即便是业内人士对免疫应用在水产上能否达到人医和兽医上的广泛程度也存在怀疑。虽然有少数学者进行了一些有学术意义和应用价值的研究，但就整体水平而言，水产动物的免疫研究目前还是在近于徘徊状态下缓慢前进（肖克宇，2000b）。

③ 水产动物免疫的发展方向。环境污染是 21 世纪人类生存和发展面临的三大问题之一，水污染和水产品污染是污染的一个重要方面。人们一般把工业污水和生活污水看作是水体的主要污染源，加大了监控力度，而对水产养殖所造成的污染相对忽视。事实上，水产养殖所造成的污染是相当严重的，我国的内陆水域除大江外都进行了水产养殖，增加放养密度和水体施肥又是传统养殖方法，至今仍很盛行，水中有机物大量增长，池塘清淤因分散承包而早已停止，厚厚的淤泥已成为污染物载体，池塘水已普遍不能再饮用。水中有机物增长导致微生物相应增加，水质恶化，鱼病频繁发生，养殖者不得不将药物拌料或直接投入水体，其中有些药物十分有害，如农药、孔雀石绿、硫酸铜和多种消毒剂等。其结果是使水体和水产品都受到污染，耐药菌株剧增，鱼病更难控制，有的还会对人类健康存在潜在威胁。尽管国家已注重高效、低毒、低残留鱼用药物的研究与开发，但是难度较大，其开发速度很难超过微生物变异速度。相反，采用免疫防治则可解决这一难题，又不造成污染。因此，应把免疫防治作为水产动物疾病防治和环境治理的一个重要策略。

（2）河蟹非特异性免疫的增强剂

研究河蟹的免疫机制，从提高河蟹自身免疫力着手，大力开展免疫刺激剂的研究开发工作，从而达到改善河蟹免疫系统，提高河蟹对疾病的抵抗力，是执行有机水产养殖标准的有效手段。扣蟹养殖一般采用无公害养殖技术，但该技术目前对蟹病还是采用药物防治，所以往往还会造成病菌抗药性增强，蟹体免疫力下降，难以有效控制病情，带来资金上的损失。而且以此扣蟹养成的成蟹品质下降，体内药残和重金属含量时有超标。国外对水产品的养殖已经采用有机养殖标准，在养殖过程中绝不使用农药、抗生素等化学合成物质。国内有些地区也进行了这方面的尝试，出现了有机鱼、有机对虾，但尚未出现有机河蟹。

中药的防病保健作用主要是其含有调节动物体内非特异性抗菌、抗病毒因素，增强免疫功能的成分。例如，大蒜中的 SOD 及还原性硫化物，具有清除氧自由基，阻止生命氧化的作用；黄芪含有多糖、苷、黄酮和微量元素等多种成分，对免疫系统、内分泌系统等具有广泛的影响，是一种免疫促进剂（林爱华等，2003）；枸杞子含有大量枸杞多糖及具有抗氧化作用的微量元素等（徐月红等，2000）。中药在免疫促进方面显示出了独特的优越性，其应用愈来愈广泛，有关资料表明，近200 种中草药具有免疫促进作用（张庆茹，1997；王志强等，2000）。

天然药物资源是自然资源的重要组成部分，是医疗保健事业的重要物质基础，在人们的生产和生活中起着很大作用。我国幅员辽阔，气候复杂多样，蕴藏着极其丰富的天然药物资源，这是我国自然资源的一大优势。天然药物资源的独特多样性反映了其有多种用途的多样性，一种天然药物往往含有多种有用化学成分，其不同部位又常具有不同的用途，仅从一个方面进行开发利用的方式使天然药物的潜在功能未得到全面发挥。我们应当充分利用天然药物多样性和多用性的特点，进行全方位、多层次的研究与开发，发掘天然药物资源潜力，这不仅能节约资源，扩大再生产能力，还将产生显著的经济效益和社会效益。

目前利用纯天然中药作为免疫增强剂对中华绒螯蟹的非特异性免疫的研究尚未见报道。

本研究按照有机水产品养殖标准，根据中药药理筛选出 4 种中药进行配伍，作为扣蟹饲料添加剂，经过一段时间饲喂后，检测分析扣蟹组织中的溶菌酶（U_L）活力、超氧化物歧化酶（SOD）活性、酸性磷酸酶（ACP）活力、碱性磷酸酶（AKP）活力、抗菌力（Ua），以此来探讨中药添加剂与扣蟹非特异性免疫力的关系，为河蟹的有机养殖提供理论支持，同时为甲壳动物的有机水产养殖、营养免疫学积累基础资料。

（3）河蟹中药添加剂的研制

有机养殖需要专门的有机饵料，目前市场上还没有现成的有机饵料出售，用于试验的有机饵料为自行研制。成分为有机大豆、有机小麦、有机大米（黑龙江龙奇有机食品开发有限公司提供）以及天然鱼粉、天然鱼杂碎粉按一定的比例混合制成。中药添加剂配方为：大蒜、枸杞、茯苓、黄芪。另外添加螺旋藻、酵母菌、贝壳粉。

将所述配方与有机饵料混合，搅碎，于 40 目网制粒，烘干。

① 试验分组。常规养殖池为 1 组（Z_1），有机养殖池为 2 组（Z_2）、3 组（Z_3）、4 组（Z_4）、5 组（Z_5）。1 组按常规管理方式管理，投喂常规饲料；2、3、4、5 组投喂专用有机饵料，其中，2 组饵料中不添加中药添加剂，3、4、5 组饵料中分别添加 0.5%、1%、2% 的中药添加剂（见表 3-14）。试验期间，各组均按有机水产养殖方式管理。

表 3-14　不同试验组中药添加剂的添加量

组别	Z_1	Z_2	Z_3	Z_4	Z_5
中药添加剂/（g/kg）	0	0	5	10	20

② 样品的制备。各组在饲喂 30 天后第一次取样，60 天后第二次取样，90 天后第三次取样，每一处理同时做一平行样。第一次样取 V 期幼蟹 8 只，第二次样取 VII 期幼蟹 6 只，第三次样取 IX 期幼蟹 4 只，去掉"骨质"部分，留下心脏、肝脏、性腺等组织块，用匀浆缓冲液（pH 7.5，0.25mol/L 蔗糖、0.025mol/L Tris-HCl、0.0001mol/L EDTA=钠溶液）冲洗，用洁净吸水纸吸去表面水分，称重，加入组织块 9 倍体积的匀浆缓冲液，冰浴匀浆，置于标准管中，于 3000r/min 低温高速离心机离心 10～15min，取上清液（2mL）待测。

③ 检测指标及测定方法。检测指标为溶菌酶（U_L）活力、超氧化物歧化酶（SOD）活力、酸性磷酸酶（ACP）活力、碱性磷酸酶（AKP）活力、抗菌力（Ua）。指标测定由南京建成生物工程研究所提供试剂和试剂盒并提供技术支持。具体测定方法如下：

先分别将制备好的样品用匀浆缓冲液稀释成 1%的匀浆待测，用考马斯亮蓝法测 1%匀浆中蛋白质含量。

a. 溶菌酶（U_L）活力测定。在一定浓度的混浊菌液中，由于溶菌酶水解细菌细胞壁黏多肽使细菌裂解浓度降低，透光度增强，故可以根据浊度变化来推测溶菌酶的含量。

按操作表将标准管和测定管放入 0℃冰水中加样和应用菌液混匀后取出，1cm 光径，用 723 型分光光度计（上海仪表三厂生产）530nm 波长处，双蒸水调透光度 100%，测各管透光度 T_0 值；重新倒入试管，37℃水浴 15min，取出放入冰水浴中 3min 后，倒入 1cm 比色皿中，于 530nm 处测各管透光度 T_{15} 值。

操作表如下：

项目	标准管	测定管
0.1mg/mL 溶菌酶标准应用液/mL	0.2	
1%匀浆/mL		0.2
应用菌液/mL	2.0	2.0

计算公式如下：

$$\frac{溶菌酶含量}{(U / mgprot)} = \frac{测定管透光度 UT_{15} - 测定管透光度 UT_0}{标准管透光度 ST_{15} - 标准管透光度 UT_0} \times \frac{标准管浓度}{(100\mu g / mL)} \div \frac{1\%匀浆蛋白含量}{(mgprot / mL)} \quad (3\text{-}1)$$

b. 超氧化物歧化酶（SOD）活力测定。采用黄嘌呤氧化酶法测定 SOD 活力。通过黄嘌呤及黄嘌呤氧化酶反系统产生超氧阴离子自由基（$O_2 \cdot$），后者氧化羟胺形成亚硝酸盐，在显色剂的作用下呈现紫红色，用可见分光光度计测其吸光度。

当被测样品中含 SOD 时，则对超氧阴离子自由基有专一性的抑制作用，使形成的亚硝酸盐减少，比色时测定管的吸光度值低于标准管的吸光度值，通过公式计算可求出被测样品中的 SOD 活力。SOD 活力定义为每 1mL 反应液中 SOD 抑制率达 50% 时所对应的 SOD 量为一个亚硝酸盐单位。计算公式为：

$$
\begin{aligned}
\underset{\text{(U / mgprot)}}{\text{组织匀浆中SOD活力}} = & \frac{\text{标准管吸光度值} - \text{测定管吸光度值}}{\text{标准管吸光度值}} \div 50\% \times \frac{\text{反应液总体积}}{\text{取样量(mL)}} \\
& \div \frac{1\%\text{匀浆蛋白含量}}{\text{(mgprot / mL)}}
\end{aligned}
\tag{3-2}
$$

c. 碱性磷酸酶（AKP）和酸性磷酸酶（ACP）活力测定。按照磷酸苯二钠法测定。AKP 和 ACP 可以分解磷酸苯二钠，产生游离酚和磷酸，酚在碱性溶液中与4-氨基安替吡啉作用经铁氰化钾氧化生成红色醌衍生物，根据红色深浅可以测定酶活力的高低。

AKP 和 ACP 活力单位定义为 100mL 血清在 37℃ 与基质作用 15min 产生1mg 酚为 1 个金氏单位。计算公式为：

$$
\underset{\text{(U / gprot)}}{\text{AKP或ACP活力}} = \frac{\text{测定管吸光度值}}{\text{标准管吸光度值}} \times \frac{\text{标准管含酚的量}}{(0.003\text{mg})} \div \frac{1\%\text{匀浆蛋白含量}}{\text{(mgprot / mL)}}
\tag{3-3}
$$

d. 抗菌力（Ua）测定。采用 Boman（1974）及 Hultmark（1980）等的方法测定。用 0.1mol/L 硫酸钾缓冲液（pH=6.4），从固体斜面培养基上将大肠杆菌洗下作为底物，并配成一定浓度的悬浊液（OD_{570}=0.3～0.5），取 3mL 该悬浊液于试管内置于冰浴中，再加入 50μL 待测样品混匀，测 570nm 波长处的初始吸光度（A_0），然后将试液移入 37℃ 温水中水浴 30min，取出后立即置于冰浴内 10min 终止反应，测反应后的试液在 570nm 波长处的吸光度（A）。抗菌力（Ua）计算公式如下所示（王雷等，1994）。

$$
\text{Ua} = \sqrt{(A_0 - A) / A}
\tag{3-4}
$$

为消除干扰，以空白的样品为对照，于 570nm 波长处测其吸光度，以校正 A_0、A 值。

④ 实验数据分析。实验数据采用美国 SPSS 统计软件进行方差分析，并进行多重对比。

（4）实验结果分析

① 中药添加剂对扣蟹组织中超氧化物歧化酶活性的影响。中药添加剂对扣

蟹组织中超氧化物歧化酶活性的影响见图 3-8。经过 30 天、60 天和 90 天处理后，各处理组中 SOD 活性有明显的变化。Z_1 组的 SOD 无明显变化，表明在扣蟹生长过程中，SOD 含量稳定。30 天组中，$Z_3 > Z_5 > Z_2 > Z_4 > Z_1$；60 天组中，$Z_3 > Z_4 > Z_2 > Z_5 > Z_1$。有机养殖组（$Z_2$、$Z_3$、$Z_4$、$Z_5$）比常规养殖组（$Z_1$）SOD 活性明显增高，最高的 Z_3 为 Z_1 的 6.4 倍（30 天处理组）和 6.9 倍（60 天处理组），最低的 Z_4 为 Z_1 的 2.7 倍（30 天处理组），Z_5 是 Z_1 的 2.3 倍（60 天处理组）。未添加中草药的有机养殖组比常规养殖组高 2.2 倍（30 天处理组）和 2.1 倍（60 天处理组）。有机养殖组中，添加中药添加剂的 Z_3、Z_4、Z_5 和未添加中药添加剂的 Z_2 组 SOD 活性比较，其增幅分别是：30 天处理组，99%、−16%、12.3%；60 天处理组，123.7%、26.0%、−25.7%。在同一组中，30 天处理组与 60 天处理组比较，Z_1 增加 64.9%、Z_2 增加 59.9%、Z_3 增加 79.6%、Z_4 增加 140.7%、Z_5 增加 5.9%；90 天处理组中，Z_2、Z_3、Z_4、Z_5 的 SOD 活性显著下降，有向 Z_1 数据回归的趋势，以 Z_3 组下降幅度最大，但还是 Z_3 值最大，Z_1 值最小。统计分析表明，90 天处理组与 30 天处理组、60 天处理组同组比较，Z_1 间差异不显著（$p > 0.05$），Z_2、Z_4、Z_5 间差异显著（$p < 0.05$）；Z_3 差异极显著（$p < 0.01$）。

② 中药添加剂对扣蟹组织中溶菌酶活力的影响。中药添加剂对扣蟹组织中溶菌酶（U_L）活力的影响见图 3-9。同一组中，30 天处理组与 60 天处理组、90 天处理组比较，Z_1 增加 180.4%、72.8%，Z_2 增加 120.0%、45.5%，Z_3 增加 21.6%、95.8%，Z_4 增加 72.1%、229.4%，Z_5 增加 22.2%、84.1%。30 天处理组中，与 Z_1 比较，Z_2、Z_3、Z_4、Z_5 分别增加了 37.5%、213.5%、71.3%、144.3%；与 Z_2 比较，Z_3、Z_4、Z_5 分别增加了 128%、24.6%、77.7%。60 天处理组中，与 Z_1 比较，Z_2、Z_3、Z_4、Z_5 分别增加了 7.9%、36.0%、5.2%、6.5%；与 Z_2 比较，Z_3、Z_4、Z_5 分别增加了 26.1%、−2.5%、−1.3%。90 天处理组中，与 Z_1 比较，Z_2、Z_3、Z_4、Z_5 分别增加了 15.7%、255.6%、226.5%、160.3%；与 Z_2 比较，Z_3、Z_4、Z_5 分别增加了 207.2%、182.0%、124.9%。统计分析表明，30 天处理组中，Z_1 与 Z_3、Z_4、Z_5 差异显著（$p < 0.05$），Z_1 与 Z_2 差异不显著（$p > 0.05$）；Z_2 与 Z_3、Z_5 差异显著（$p < 0.05$），Z_2 与 Z_4 差异不显著（$p > 0.05$）；60 天处理组中，Z_3 与其他各组差异显著（$p < 0.05$），Z_1、Z_2、Z_4、Z_5 间差异不显著（$p > 0.05$）；90 天处理组中，Z_1 与 Z_2 差异不显著（$p > 0.05$），Z_1 与 Z_3、Z_4、Z_5 差异极显著（$p < 0.01$），Z_2 与 Z_3、Z_4、Z_5 差异极显著（$p < 0.01$）。

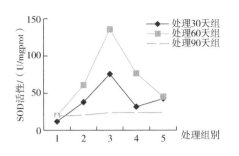

图 3-8　中药添加剂对 SOD 活性的影响

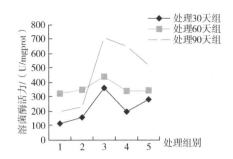

图 3-9　中药添加剂对溶菌酶活力的影响

③ 中药添加剂对扣蟹组织中酸性磷酸酶活力的影响。中药添加剂对扣蟹组织中 ACP 活力的影响见图 3-10。随着处理时间的延长，5 个组中 ACP 活力均不同幅度地增加，其中，90 天处理组>60 天处理组>30 天处理组。相对于 30 天处理组，60 天处理组和 90 天处理组的增加幅度分别是，Z_1 增加 181.9%、588.6%，Z_2 增加 368.9%、421.9%，Z_3 增加 624.4%、1084.8%，Z_4 增加 369.3%、775.8%，Z_5 增加 526.4%、583.5%，差异极显著或显著（$p<0.01$ 或 $p<0.05$）。处理 30 天时，各组的 ACP 活力变化不大，与 Z_1 比较，Z_2、Z_3、Z_4、Z_5 分别增加 41.5%、59.9%、62.4%、23.4%；与 Z_2 比较，Z_3、Z_4、Z_5 分别增加 13.0%、14.8%、−12.8%。处理 60 天和 90 天后 ACP 活力变化明显。60 天处理组中，与 Z_1 比较，Z_2、Z_3、Z_4、Z_5 分别增加 135.4%、310.9%、170.4%、174.2%；与 Z_2 比较，Z_3、Z_4、Z_5 分别增加 74.6%、14.9%、16.5%。90 天处理组中，与 Z_1 比较，Z_2、Z_3、Z_4、Z_5 分别增加 7.2%、175.1%、106.5%、22.5%；与 Z_2 比较，Z_3、Z_4、Z_5 分别增加 156.5%、92.6%、14.2%。统计分析表明，30 天处理组中，Z_1 与 Z_2、Z_3、Z_4 差异显著（$p<0.05$），Z_2 与 Z_3、Z_4、Z_5 差异不显著（$p>0.05$）；60 天处理组中，Z_1 与 Z_2、Z_3、Z_4、Z_5 差异极显著（$p<0.01$），Z_2 与 Z_4、Z_5 差异不显著（$p>0.05$）、与 Z_3 差异极显著（$p<0.01$）；90 天处理组中，Z_1 与 Z_2 差异不显著（$p>0.05$），Z_1 与 Z_3、Z_4、Z_5 差异极显著或显著（$p<0.01$ 或 $p<0.05$），Z_2 与 Z_3、Z_4 差异极显著（$p<0.01$）。

④ 中药添加剂对扣蟹组织中碱性磷酸酶活力的影响。中药添加剂对扣蟹组织中 AKP 活力的影响见图 3-11。随着处理时间的延长，5 个组中 AKP 活力均较大幅度地增加，其中，90 天处理组>60 天处理组>30 天处理组。相对于 30 天处理组，60 天处理组和 90 天处理组的增加幅度分别是，Z_1 增加 173.8%、408.1%，Z_2 增加 154.9%、316.9%，Z_3 增加 566.5%、607.6%，Z_4 增加 276.2%、657.5%，Z_5 增加

147.4%、291.0%，差异极显著或显著（$p<0.01$ 或 $p<0.05$）。处理 30 天时，各组的 AKP 活力变化不大，与 Z_1 比较，Z_2、Z_3、Z_4、Z_5 分别增加 46.5%、52.1%、45.1%、24.8%，与 Z_2 比较，Z_3、Z_4、Z_5 分别增加 3.9%、−0.9%、−14.8%。处理 60 天和 90 天后 AKP 活力变化明显。60 天处理组中，与 Z_1 比较，Z_2、Z_3、Z_4、Z_5 分别增加 36.4%、270.3%、99.4%、12.8%；与 Z_2 比较，Z_3、Z_4、Z_5 分别增加 171.6%、46.3%、−17.3%。90 天处理组中，与 Z_1 比较，Z_2、Z_3、Z_4、Z_5 分别增加 20.2%、111.9%、116.4%、−3.9%；与 Z_2 比较，Z_3、Z_4、Z_5 分别增加 76.2%、80.0%、−20.0%。统计分析表明，30 天处理组中，Z_1 与 Z_2、Z_3、Z_4、Z_5 差异显著（$p<0.05$），Z_2 与 Z_3、Z_4、Z_5 差异不显著（$p>0.05$）；60 天处理组中，Z_1 与 Z_3、Z_4 差异极显著和显著（$p<0.01$ 和 $p<0.05$），Z_1 与 Z_2、Z_5 差异不显著（$p>0.05$），Z_2 与 Z_3 差异极显著（$p<0.01$），与 Z_4、Z_5 差异不显著（$p>0.05$）；90 天处理组中，Z_1 与 Z_2、Z_5 差异不显著（$p>0.05$），Z_1 与 Z_3、Z_4 差异极显著（$p<0.01$），Z_2 与 Z_3、Z_4 差异极显著（$p<0.01$）、与 Z_5 差异不显著（$p>0.05$）。

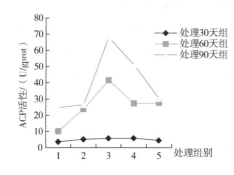 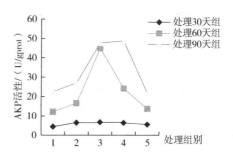

图 3-10　中药添加剂对 ACP 活性的影响　　图 3-11　中药添加剂对 AKP 活性的影响

⑤ 中药添加剂对扣蟹组织中抗菌力活力的影响。中药添加剂对扣蟹组织中抗菌力活力的影响见图 3-12。中药添加剂对扣蟹组织中的抗菌力有影响，但并不是随添加量升高而增加，而是当中药添加剂添加量达 5g/kg 饲料时，抗菌力达到最高，以后逐渐降低。相对于 30 天处理组，60 天处理组、90 天处理组的增加幅度分别是：Z_1 增加 48.1%、61.1%，Z_2 增加 19.6%、8.4%，Z_3 增加 54.9%、37.9%，Z_4 增加 31.4%、29.5%，Z_5 增加−14.5%、−23.6%，Z_3、Z_4 间差异显著（$p<0.05$），Z_1、Z_2、Z_5 间差异不显著（$p>0.05$）。30 天处理组中，与 Z_1 比较，Z_2、Z_3、Z_4、Z_5 分别增加 192.4%、242.0%、210.7%、119.8%，Z_1 与其他 4 组差异极显著

（$p<0.01$）；与 Z_2 比较，Z_3、Z_4、Z_5 分别增加 17.0%、6.3%、−24.8%，差异不显著（$p>0.05$）。60 天处理组中，与 Z_1 比较，Z_2、Z_3、Z_4、Z_5 分别增加 136.1%、257.8%、175.8%、26.8%，Z_1 与 Z_2、Z_3、Z_4 差异极显著（$p<0.01$），Z_1 与 Z_5 差异不显著（$p>0.05$）；与 Z_2 比较，Z_3、Z_4、Z_5 分别增加 51.5%、16.8%、−46.2%，Z_2 与 Z_3、Z_5 差异显著（$p<0.05$），Z_2 与 Z_4 差异不显著（$p>0.05$）。90 天处理组中，与 Z_1 比较，Z_2、Z_3、Z_4、Z_5 分别增加 96.7%、192.9%、149.8%、4.3%，Z_1 与 Z_2、Z_3、Z_4 差异极显著（$p<0.01$），Z_1 与 Z_5 差异不显著（$p>0.05$）；与 Z_2 比较，Z_3、Z_4、Z_5 分别增加 48.9%、27.0%、−47.0%，Z_2 与 Z_3、Z_5 差异显著（$p<0.05$），Z_2 与 Z_4 差异不显著（$p>0.05$）。

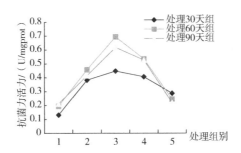

图 3-12　中药添加剂对抗菌力活力的影响

（5）中药添加剂对河蟹非特异性免疫的作用

① 在生物进化过程中，生物机体由于受到新陈代谢和其他生命活动中产生的自由基损伤，相应发展了一套完善的抗氧化体系，如超氧化物歧化酶（SOD）、谷胱苷肽过氧化物酶（GHX）、过氧化氢酶（CAT）等。其中，SOD 是重要的抗氧化酶，作为活性氧自由基清除剂，在清除体内自由基，延缓机体衰老及防止生物大分子损伤等方面具有重要作用。此外，SOD 还具有抗菌、抗病毒、抗衰老等作用，目前已作为防衰老药物和化妆品成分而应用于人体。已有研究表明，SOD 的活性与生物的免疫水平密切相关，对于增强吞噬细胞的防御能力及整个机体的免疫机能有重要的作用（林林等，1998）。SOD 的作用底物是氧离子和双氧水，它们的含量升高，可直接诱导 SOD 活性上升。王雷等（1994）用口服免疫多糖作用中国对虾，发现虾体组织中的 SOD 有一定程度的提高。刘恒等（1998）用免疫多糖饲喂南美白对虾后，其血淋巴中的 SOD 活性增强。因此，SOD 可作为机体非特异性免疫指标，来评判免疫刺激剂对机体非

特异性免疫力的影响。

本研究通过筛选出的中药作为添加剂来确定其对扣蟹组织中 SOD 活性的影响，试验表明在试验期间，常规饲料喂养管理组的扣蟹体内 SOD 没有明显变化，保持在一定的水平；用有机饲料喂养的扣蟹，随着喂养时间的延长，体内 SOD 有较明显的变化，60 天达到最高，90 天时直线下降，但 SOD 值均高于常规饲料喂养组，表明有机饲料更适合喂养扣蟹；在有机饲料中添加中药添加剂的试验中，饲料中添加 0.5%中药添加剂，即 1kg 饲料中添加 5g 中药添加剂，SOD 活性增加效果最为显著，连续添加 30 天时，效率最高；到 60 天时，达到最高值。

有机饲料喂养 90 天时扣蟹体内 SOD 含量均有明显的下降，可能是由于在 9 月份以后，扣蟹体内合成的抗氧化物质，如维生素 E、维生素 C、谷胱苷肽（GSH）、金属硫蛋白（MT）等增加，扣蟹为了保持自身自由基的动态平衡，SOD 的活性就要下降。这与艾春香等（2002，2003）研究维生素 E、维生素 C 对河蟹不同组织中 SOD 的影响是一致的。Dandapat 等（2000）研究维生素 E 对罗氏沼虾（*Macrobrachium rosenbergii*）抗氧化系统影响，也得出相同的结论。关于扣蟹饲喂中药添加剂 90 天后，SOD 值明显下降的机理尚需进行进一步的试验研究。

② 溶菌酶是动物机体许多组织重要的非特异性免疫因子，也是甲壳动物非特异性免疫防御系统的重要组成部分，是吞噬细胞杀菌的物质基础。溶菌酶主要来自组织液和血清，是一种碱性蛋白，能水解革兰氏阳性菌的细胞壁，从而破坏和消除侵入体内的细菌、真菌、病毒等微生物，起到机体防御的功能（陈竟春等，1996），因此溶菌酶对鱼及虾蟹类抵抗各种病原体的入侵具有重要作用。

本研究发现，扣蟹在生长发育过程中，体内组织中的溶菌酶活力不断加强，没有添加中药添加剂的有机饲料组比常规饲料组扣蟹体内的溶菌酶活力增加更为明显，而添加中药添加剂的有机饲料组扣蟹体内溶菌酶活力增加则最明显。同一养殖池中，添加中药添加剂的时间越长，扣蟹体内溶菌酶活力越强，但以在饲料中添加中药添加剂 0.5%，即 1 公斤饲料中添加 5g 中药添加剂，作用 90 天时，溶菌酶活力最高，达到 710.79U/mgprot，其次为 1kg 饲料中添加 10g 中药添加剂，达到 652U/mgprot。

③ 碱性磷酸酶（AKP）、酸性磷酸酶（ACP）以及上面讨论的溶菌酶均属于水解酶类，异物侵入机体后被细胞吞入，并与溶酶体融合，最终被各种水解酶消化分解。水解酶不仅存在于细胞中，而且可通过脱颗粒方式分布于血清、组织液中，从而形成一个水解酶体系（孙虎山等，1999）。ACP 是一种磷酸单酯酶，是巨噬细胞溶菌酶的标志酶，可催化所有的磷酸单酯及磷酸基团的转移反应，在生物体内具有非常重要的作用。它只是在酸性条件下作用于磷酸苯二钠，使之水解，释放出酚和磷酸，在体内直接参与磷酸基团的转移和代谢（刘树青等，1999）。虾蟹类等甲壳动物在生长过程中都要经历蜕壳过程，该酶对虾蟹类的生存、生长有特别重要的意义（陈四清等，1996）。AKP 活力可以受许多理化因子调控，从而调节动物的新陈代谢，AKP 活性高时，机体代谢活跃，为 ADP 磷酸化成 ATP 提供更多所需要的无机磷。因此，开展虾蟹类 AKP 的研究，对人工养殖虾蟹及养殖环境污染的防治都有一定的指导作用。

本研究发现，扣蟹在生长过程中，AKP 活性在不断增强，表明扣蟹在生长中不断地进行蜕壳，同时环境温度在不断升高，养殖水体的环境质量在下降，各种理化因子调控了 AKP 活力，使其机体新陈代谢功能活跃。不同的试验组，AKP 增加的幅度不同，Z_1 组从 30 天的 4.43U/mgprot 增加到 90 天的 22.51U/mgprot，增加幅度为 408.1%，Z_2 从 6.49 U/mgprot 增加到 27.06 U/mgprot，增幅 316.9%，常规饵料和有机饵料在对扣蟹体内 AKP 的作用上差异不显著；在有机饵料中添加中药添加剂的 3 组试验中，Z_3 从 6.74 U/mgprot 增加到 47.69 U/mgprot，增幅 607.6%，Z_4 从 6.43 U/mgprot 增加到 48.71 U/mgprot，增幅 657.5%，Z_5 从 5.53 U/mgprot 增加到 21.62 U/mgprot，增幅 291.0%。以 Z_4 组的增幅最大，且增加绝对值也最大，但 Z_3 组在作用 60 天时其增幅及增加值最大。表明在有机饵料中添加饵料的 0.5%～1%，即 1kg 饵料添加 5～10g 中药添加剂，使用 60～90 天时，扣蟹体内的 AKP 活性最强。但 1kg 饵料中添加 20g 中药添加剂时，扣蟹体内的 AKP 反而降低，这是否说明中药添加剂添加过多会抑止 AKP 活性还需进一步的试验研究确证。

试验中，ACP 的变化情况与 AKP 相似，扣蟹由于机体生长、蜕壳及环境温度的升高，其机体新陈代谢水平加快，ACP 活力相应增强。适量添加中药添加剂后，ACP 活力增强幅度和绝对值加大，加速了扣蟹细胞中的物质代谢，从而促进了扣蟹的生长，同时又间接提高了扣蟹的非特异性免疫力。其中，当中药添加剂在 1kg 饵料 5g（即 Z_3 组）作用 90 天时，ACP 活力增幅最大，达 1084.8%，活性最强，达 68.01U/mgprot，随着中药添加剂添加量的增加，ACP 活性有逐渐下降的趋势。

④ 抗微生物因子是无脊椎动物免疫防御反应中的又一重要组成部分，主要存在于动物的血淋巴中。有关甲壳类动物血淋巴的抗微生物活力，已有研究报道。各种甲壳类的抗菌活力不同，作用方式各异，如普通滨蟹（*Carnius maenas*）中血细胞抗菌因子在 1h 内对一种细菌（*Psychrobacter immobilis*）的灭活效率为 90%；弧菌（*V. unlnificus*）进入斑节对虾体内 3h 时，血淋巴对弧菌的清除率为 94%，6h 时清除率为 100%（Sung et al.，1996）。可见，血淋巴抗菌因子在其免疫反应中起到积极的作用。本试验结果表明，中药添加剂对扣蟹组织中的抗菌力有影响，但并不是随添加量升高而增加。扣蟹在常规饵料饲养（Z_1 组）过程中，其体内的抗菌力保持相对稳定，喂养 30 天和喂养 90 天时体内的抗菌力差异不显著（$p>0.05$）；不添加中药添加剂的有机饵料养殖组（Z_2 组），在养殖过程中，体内抗菌力增加明显，与 Z_1 组有明显差异（$p<0.05$）；添加中药添加剂的有机饵料养殖组中，当中药添加剂在 1kg 饵料 5g（Z_3 组）作用 60 天时，抗菌力最高，达 0.694U/mgprot，而当中药添加剂在 1kg 饵料 20g（Z_5 组）时，抗菌力反而下降。中药添加剂提高扣蟹机体的抗菌力效果与维生素 C、维生素 E 相似，其可能的作用机理是：调节机体的理化反应，促进抗菌和溶菌蛋白的生物合成，从而提高机体的抗菌力和溶菌酶活力，使机体处于一种良好的生理状态，并有效促进机体新陈代谢，增强机体的非特异性免疫力，最终提高扣蟹的抗病力（艾春香等，2002；艾春香等，2003）。

（6）总结

已有的研究表明，免疫多糖、维生素等都能影响甲壳动物非特异性免疫力。但其均为化学合成物质，价格成本相对较高，更为重要的是在有机水产养殖中是禁用的。在有机水产养殖过程中，不允许合成的促生长剂、合成诱食剂、合成的抗氧化剂、经化学溶剂提取的饵料等添加于饵料中或以任何方式喂养生物（OFDC，2003）。本研究表明，天然的中药添加剂能促进扣蟹非特异性免疫力的提高。中草药来源于天然动植物及矿物，具有资源丰富、价格低廉、安全方便、功能全面、无残留及不良反应小等优点，且含有多种活性因子，具有营养与保健的双重功能，因此可作为保健防病药物和添加剂，直接饲喂动物，起到防病促生长作用。中药添加剂符合有机养殖的要求，是进行有机养殖中合适的免疫增强剂。

扣蟹体液内不存在免疫球蛋白，缺乏抗体介导的免疫反应，它的免疫系统具有非特异性免疫力，适当的诱导可提高组织及血液免疫因子的数量和活性。因此，研究如何选择合适的免疫增强剂或刺激剂来提高扣蟹的抗病力，必将成为扣蟹疾病防治的一个重要方向。某些中药及其制剂能够增强扣蟹的非特异性免疫力，减少疾病的发生，但不是对所有的疾病有效，应该考虑使用的时间、剂量、方法等。本实验结果表明，本研究所筛选的中药添加剂添加 0.5%～1% 的饲料量，施用 60～90 天时能有效增加扣蟹组织中 SOD、U_L、AKP、ACP 及抗菌力的活性。但是中药添加剂中有效成分的定量分析及其作用机理还有待进一步研究；是否还有其他更合适的中药添加剂配方，有待于进一步的探索。

3.3.3 河蟹有机养殖对养殖水环境的质量控制

目前水产养殖业已发展成为一种与农村种植业并存的农业活动。经济利益的驱动，片面追求养殖产量，忽视了养殖水域的生态平衡和环境保护，致使水产养殖业在发展过程中不断受到资源匮乏、环境污染、病害等因素的困扰和制约，难以持续高品质的发展。因此，人们越来越关注水产养殖对局部水环境的影响。

河蟹是我国的特色水产品，也是我国传统的出口水产品之一，在中国港、澳、台、日本及东南亚地区有稳定的市场，2001 年全国河蟹出口 248t，创汇 360 万美元，拓展的空间很大（周刚等，2003）。我国加入 WTO 以后，各国对我国进口的水产品质量要求越来越严格，特别是香港的水产品氯霉素事件给水产品市场蒙上了阴影（杨先乐，2002），同时也给市场提供了新的机遇和挑战，保护环境与生产出质优、食用安全的产品是相辅相成的。

国内外对对虾的健康养殖、清洁养殖及有机化养殖的研究比较多，对河蟹育苗过程中的水质变化也有一定的研究，为了获得高品质的成蟹，对成蟹进行生态养殖，也有这方面的研究报道（石俊艳等，1997）。扣蟹作为河蟹养殖的中间环节，是增产增效的关键，其培育尚处在起步阶段，对其进行有机培育及培育过程中水环境变化情况的研究尚未见报道。

河蟹有机养殖就是将养殖环境与产品质量有机结合，本研究通过扣蟹有机养殖，不仅提高了扣蟹的品质，加强了其自身对疾病的免疫力，还提高了养殖池塘系统的水环境质量，为解决水产养殖中的农业面源污染问题提供了理论与方法支持。

（1）试验设计

试验基地及条件与有机饵料投喂试验相同。有机饵料为自行研制，常规养殖的饵料为连云港市苏兰林饲料有限公司的常规水产养殖饵料。

试验分为有机养殖池（其中有机组 1 使用有机饵料，有机组 2 使用有机饵料并添加自行研制的中药添加剂）和常规养殖池，二者皆设平行组。

试验时间为 5～9 月份。大眼幼体于 5 月中旬入池，投放密度为 270 尾/m³。

（2）采样及分析

按照国家环保总局规定的《地表水环境质量标准》（GB 3838—2002）规定的方法进行采样和分析（表 3-15）。有机养殖池和常规养殖池每 40 天采样一次，时间为上午 10 点和下午 2 点，取其平均值。测定的指标包括温度（T）、pH 值、溶解氧（DO）、化学好氧量（COD_{Mn}）、硫化物（以 S^{2-} 计）、硝酸盐（NO_3^-）、亚硝酸盐（NO_2^-）、氨氮（NH_4^+-N）、总磷（P）。

表 3-15　水环境测定指标、方法和依据

指标	方法	依据
温度（T）	温度计法	GB 13195—1991
pH 值	玻璃电极法	GB 6920—1986
溶解氧（DO）	电化学探头法	GB/T 11913—1989
化学好氧量（COD_{Mn}）	高锰酸盐指数法	GB 11892—1989
硫化物（S^{2-}）	亚甲基蓝分光光度法	GB/T 16489—1996
硝酸盐氮（NO_3^--N）	酚二磺酸分光光度法	GB 7480—1987
亚硝酸盐氮（NO_2^--N）	N-（1-萘基）-乙二胺分光光度法	GB 7493—1987
氨氮（NH_4^+-N）	水杨酸分光光度法	GB/T 7481—1987
总磷（P）	钼酸铵分光光度法	GB 11893—1989

（3）试验结果

① 温度、pH 值与溶解氧。在整个试验过程中，水温变化范围为 18.4～30.3℃，最高水温出现在 8 月份。pH 值变化范围为 7.76～8.1，变化幅度较小，水质偏碱性。溶解氧则在 5.5～9.0mg/L 之间波动，基本维持在 5.0mg/L 以上。有机养殖池

和常规养殖池在温度、pH 值与溶解氧方面没有明显差异（见表 3-16）。

表 3-16　养殖池温度、pH 值与溶解氧变化

项目	平均水温/℃	pH 值	溶解氧/（mg/L）
有机养殖池	18.4～30.3	7.76～8.1	5.5～9.0
常规养殖池	18.4～30.3	7.76～8.2	5.0～9.0

② 化学耗氧量。化学好氧量（COD_{Mn}）的变化情况见图 3-13。在整个养殖过程中 COD_{Mn} 呈增加趋势，在养殖中期稍有回落，常规组在 3.8～9.1mg/L，平均 7.5mg/L，最高值出现在 6 月底与 9 月底，均为 9.1mg/L；有机 1 组在 3.6～9.7mg/L，平均 7.4mg/L，最高值出现在 9 月底，为 9.7mg/L；有机 2 组在 3.5～9.6mg/L，平均 6.9mg/L，最高值出现在 8 月中旬，为 9.6mg/L。有机 2 组的 COD_{Mn} 平均值比常规组低 8.7%，比有机 1 组低 7.3%；有机 1 组和常规组 COD_{Mn} 变化基本持平。这可能是由于随着养殖过程的进行，残饵累积量增加，因此 COD 值不断上升，但随着有机物的累积以及氮磷营养物的增加，给微生物提供了滋生的条件，因此有机物或被微生物分解或被浮游植物利用，从而使 COD 值增加趋势渐缓，甚至有所下降。

③ 无机氮和无机磷。图 3-14～图 3-16 显示了养殖过程中有机养殖池和常规养殖池的氨氮、硝酸盐氮、亚硝酸盐氮的变化情况。从图中可以看出，在扣蟹养殖过程中，水体氨氮、硝酸盐氮、亚硝酸盐氮在养殖中期（6 月底）最高，养殖后期回落。这可能是由于在养殖中期投饵量增大，残饵量也逐渐增加所致。而在养殖后期，雨水量大，营养物被浮游植物消耗所致。总体而言，常规养殖池水体硝酸盐氮、亚硝酸盐氮、氨氮的浓度比有机养殖池高。

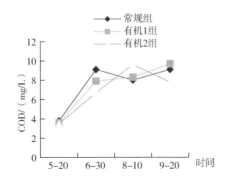

图 3-13　不同养殖方式下 COD_{Mn} 变化曲线

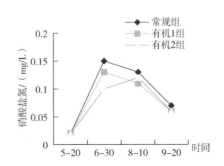

图 3-14　硝酸盐氮含量随时间变化曲线

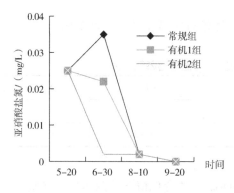

图 3-15　亚硝酸盐氮含量随时间变化曲线　　图 3-16　氨氮含量随时间变化曲线

在整个养殖过程中无机氮在养殖中期（6 月底）最高，后期逐步回落。有机 2 组的无机氮（氨氮+亚硝酸盐氮+硝酸盐氮）为 0.08～0.235mg/L，平均值 0.152mg/L，最高值为 0.222mg/L；有机 1 组无机氮为 0.08～0.332mg/L，平均值 0.179mg/L，最高值为 0.332mg/L；常规养殖水体无机氮含量为 0.11～0.455mg/L，平均值 0.213mg/L，最高值为 0.455mg/L。有机 2 组平均值比有机 1 组和常规组分别低 17.8%和 40.1%（图 3-17）。

磷酸盐含量常规养殖水体为 0.08～0.23mg/L，平均值 0.138mg/L，最高值出现在 6 月底，为 0.23mg/L；有机养殖水体 1 组和 2 组分别在 0.06～0.24 mg/L 和 0.07～0.19mg/L 之间，平均值分别为 0.120mg/L 和 0.128mg/L，最高值也出现在 6 月底，分别为 0.24mg/L、0.19mg/L。有机 2 组平均值比常规组和有机 1 组分别低 7.8%和-6.3%（图 3-18）。

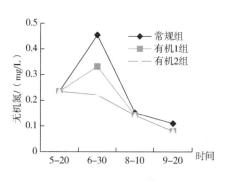

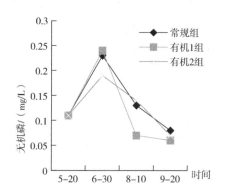

图 3-17　无机氮含量随时间变化曲线　　图 3-18　无机磷含量随时间变化曲线

④ 硫化物。图 3-19 是养殖试验中的硫化物含量变化曲线图，常规养殖与有机养殖过程中硫化物含量均出现大的波动，养殖初期最低，养殖中期最高，养殖

中后期又降低，后期又趋增高。常规养殖组硫化物含量在 0.002～0.047mg/L，平均 0.026mg/L；有机养殖 1 组硫化物含量在 0.002～0.037mg/L，平均 0.020mg/L；有机养殖 2 组硫化物含量在 0.002～0.028mg/L，平均 0.014mg/L。有机养殖 2 组硫化物含量最低，有机养殖 1 组次之，常规养殖组最高。有机 2 组比有机 1 组和常规组分别低 50%和 85.7%。

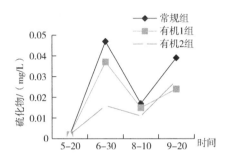

图 3-19 硫化物含量随时间变化曲线

（4）结论

① 池塘是一个小型半封闭生态系统，其水质的变化受外界环境的影响比较大，如气候、换水、投饵、养殖密度等。投饵量的增加或不均匀以及生物排泄物的累积，可使底质中的有机质含量局部升高，这些有机物又被异养细菌分解转化为 NH_3、H_2S，从而引起底质硫化物和水体中氨氮、亚硝酸氮和硝酸氮含量升高。池塘水体各因子的变化也是相互关联、相互影响的。COD 作为衡量水质肥瘦和是否污染的主要指标，是了解池塘有机物多少最简便的手段，COD 值的变化明显影响到其他化学因子的变化。水中 COD 过高，则水体中溶解氧含量变低，大量有机物分解，产生 CO_2 和氨氮等，使 pH 降低，从而抑制扣蟹的生长。水中 COD 过低，水体中的营养盐缺乏，浮游生物繁殖不好，池塘微生态系统平衡受到影响，同样也会影响扣蟹的生长。陈四清等（1995）认为，要维持养殖对虾的正常生长，COD 值一般必须维持在 2～6mg/L。本研究中扣蟹池中的 COD 在 3.5～9.7mg/L 之间，有机 2 组的平均值较其他两组低。有关维持扣蟹正常生长的 COD 值还有待进一步研究。

② 水体中的无机氮实际上包含着硝酸氮、亚硝酸氮和氨氮 3 种形态，它们可以在水体中互相转化。一般认为前者对养殖对象不具有毒害作用，对养殖对象具有毒害作用主要来自后两者。亚硝酸盐的毒性作用机理主要是通过呼吸作用，由

鳃丝进入血液而导致缺氧窒息死亡，但只有浓度超过 0.1mg/L 时才会有影响（李旭光等，2004）。李永祺（1999）认为，氨氮具有脂溶性，它能穿透细胞膜毒害组织，增加虾蟹的脱壳次数，增加耗氧，并影响了虾氨的排泄系统，增大对虾的死亡概率，减少产量。

扣蟹在有机养殖和常规养殖两种养殖方式下的池塘水环境质量变化状况是，有机养殖体系水体 COD、无机氮、无机磷、硫化物平均浓度低于常规养殖体系。表明有机扣蟹养殖在水体生态环境保护方面比常规养殖模式优越。

③ 据报道，氨氮占淡水鱼总氮排泄的 80%～90%，占海水鱼的 75%～85%（董双林等，1994）。林仕梅等（2001）证明氨氮是河蟹含氮排泄物的主要成分，占总氮排泄物的 64.01%。甲壳动物的排泄成分与其食物成分有密切关系。研究表明，在有机养殖体系中，利用有机饵料（有机大豆、有机小麦、天然杂鱼及中药添加剂），减少鱼粉的使用量，有利于促进扣蟹的采食率，提高扣蟹对营养物的利用率，可以有效减少营养物质的残留，提高营养物的利用率，从而降低水中无机氮和磷酸盐含量，同时，提高扣蟹的非特异性免疫力（李廷友等，2005）。

④ 邹景忠等（1983）根据我国颁布的渔业水质标准为基础，并参考国外有关文献，提出无机氮 0.2～0.3 mg/L、无机磷 0.04 mg/L，作为近海外排水使海水富营养化的阈值。本试验中两种养殖体系无机氮水平低于富营养化临界值，常规养殖无机氮平均水平接近富营养化临界值，有机养殖无机氮平均水平低于富营养化临界值，但有机 1 组最高值（6 月份）仍高于 0.3 mg/L，有机 2 组的养殖模式是比较理想的方式。两种养殖方式中，磷酸盐平均值均高于 0.04mg/L。因此，有必要对如何切实降低氮磷，特别是磷酸盐的排放做进一步研究，以完善有机养殖方式。

⑤ 硫化物在水产养殖业中危害较为严重，它的大量存在可造成水产动物组织、细胞缺氧，低浓度时影响生长，高浓度时导致死亡。当养殖水体中硫化物含量约 0.5mg/L 时可使健康鱼急性中毒死亡，高于 0.8mg/L 时，引起大批量死亡；在虾蟹育苗水体中危害更为严重，含 0.3mg/L 的硫化物即可引起轻度死亡，养殖水体中，硫化物的含量控制在 0.1mg/L 以下（李旭光等，2004；李海建，2002）。本试验中两种养殖方式中硫化物含量均在 0.1mg/L 以下，说明在扣蟹养殖中，硫化物不是水质污染的主要因素。

⑥ 在扣蟹池塘养殖中，COD、氨氮、硝酸盐、亚硝酸盐、磷酸盐、硫化物的

含量均符合《污水综合排放标准》（GB 8978—1996）的一级排放标准，说明在扣蟹养殖中，其养殖用水对周边环境尚不构成污染，但养殖过程中其水体污染物有升高的趋势，仍需要密切关注，而有机养殖模式能有效缓解养殖水体污染物升高的趋势。

第 **4** 章

有机水产养殖的氮磷平衡和能量流动

半精养围塘养殖模式是我国目前海水养殖的主要模式之一，这一养殖模式的特点是定期清淤、消毒，围塘与外围生态系统之间既通过潮汐交换水流携载的物质、能量与生物信息，又通过一定网目的滤网隔绝与大型生物的往来。因此，系统从养殖开始时的无生物状态到输入生物信息后的系统发育初期会悄然经历一个近似周边海洋生态系统的发育过程，同时养殖过程中人为的施肥与投饵又赋予系统富营养的人工生态系统特征。这样一个围塘养殖模式系统是研究人为干扰下自然生态系统的物质循环和能量流动的理想模型。

本章选择沿海滩涂地区已通过有机养殖认证的半精养围塘养殖基地作为海水养殖系统研究案例，在一个养殖周期时间尺度内，研究海水围塘养殖中的氮磷平衡和能量流动。

4.1 实验地区概况及实验设计

4.1.1 实验地区概况

海水围塘养殖实验基地位于连云港市宋庄镇，宋庄镇是全国"对虾养殖之乡"，濒临海州湾。海州湾处于暖温带与北亚热带过渡地带，受海洋的调节，气候类型为湿润的季风气候。四季分明，温度适宜，光照充足，雨量适中。常年平均气温 14.1℃，极端最高气温为 40.2℃，极端最低气温为-13.3℃，平均湿度为 71%，历年平均降水量 883.6mm，年总日照时数为 2330.6h。该区海水养殖已有近二十年的历史，均采用纳潮排污的半精养管理模式，为国家级对虾、缢蛏混养标准化示范区。

全镇总面积 76km²，拥有 13km 海岸线，6 万亩潮上带，5 万亩潮间带，15 万亩浅海水域，水域开阔，滩涂集中，生物资源相当丰富。拥有 10 万 m² 大菱鲆工厂化养殖厂；全国首家海水养殖有机食品基地，年产梭鱼 220 吨、对虾 860 吨、缢蛏 1200 吨。

4.1.2　实验设计

本研究实验在连云港市宋庄镇有机海水养殖基地进行，虾鱼贝混养池面积约 66.67 公顷，其中 1.33 公顷池 20 个、3.33 公顷池 10 个、2.53 公顷池 2 个，均按有机水产养殖方式管理，选择其中 2 个混养池实验，另外专门单设 2 个单养池做对照。混养池分别编号 T1（1.33 公顷）、T2（1.33 公顷，为水平重复组）；2 个有机对虾单养池为对照组，编号 C1（1.33 公顷）、C2（1.33 公顷，为水平重复组）（见图 4-1）。实验时间为 2007 年 3 月～2007 年 10 月，2008 年 3 月～2008 年 10 月进行重复。一个养殖周期见表 4-1。

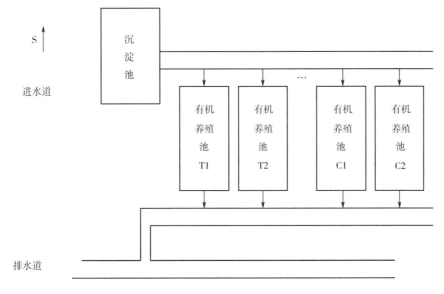

图 4-1　有机海水养殖实验场地平面图

表 4-1　实验养殖周期及放养量

养殖品种	放养时间	放养量/（kg/ha）	收获时间
梭鱼	3 月 23 日	22.5	9～10 月
对虾	4 月 11 日	2.81	10 月
缢蛏	3 月 12 日	139	9 月

注：梭鱼苗 22 尾/kg；对虾苗 1.7cm/尾，约 80000 尾/kg；缢蛏苗 1700 只/kg，单养池对虾放养量为 600000 尾。

在实验开始之前 1 个月，采用充分发酵的鸡粪肥对对虾养殖池进行施肥，使水体呈茶色（培育以硅藻为主的浮游藻份类），透明度为 30～40cm。有机养殖的饵料为获得 OFDC 有机认证的配合饵料。6 月份之前曝气机每天运行两次（7：00—8：00，21：00—22：00），7 月份到 8 月份每天运行 3 次（5：00–6：00，14：00—15：00，21：00—22：00）。同时对养殖池水深进行记录，并在适当的时候补充由于蒸发而损失的海水。

4.1.3　材料与方法

① 浮游植物初级生产力以黑白瓶法测定（闫喜武等，1998），每 10 天采样 1 次，黑白瓶体积 150mL，挂瓶深度为透明度的 0.5 倍、1 倍、2 倍。

② 每天测定养殖池的水温（T）、透明度（TP）、溶氧（DO）和 pH 值，分别以海水温度计、萨氏盘、YSI-57 型溶氧仪（以 Winkler 法标定）和 pH S-29 型酸度计测得。盐度（S）每隔 15d 左右测定 1 次，先用比重计测取比重，而后据海水比重-盐度表换算为盐度。

③ 每隔 30 天测定 1 次水质，同时测定进、排水时的水质与进排水量，测定项目为 COD_{Mn}、NO_2^--N、NO_3^--N、NH_4^+-N 和 TN、PO_4^{3-}-P、TP。除 NO_3^--N 以铜镉还原法测定外，其余水质指标均按海洋调查规范中的方法测定。

④ 饵料、生物体中 N、P 的测定。

a. N 的测定：凯式定氮法（自动凯式定氮仪，瑞典，KUELTEC 1030）；

b. P 的测定：先将有机物（鱼体）用酸消化，然后再用磷钼蓝法测定有机物中的 P。

⑤ 底泥中 N、P 的测定。在实验开始和结束时各测定 1 次底泥中 N、P 含量。泥样用内径为 2cm 的有机玻璃柱采得（约 10cm 深的底泥），在 60℃下烘干，经过研磨后过 60 目分样筛。泥样经 H_2SO_4-K_2CrO_7 消化后，以改良式凯氏定氮仪测定全 N；经 H_2SO_4-$HClO_4$ 消化后，以钼锑抗比色法测定全 P。

4.2　围塘养殖海水中有关化学指标变化及相关性分析

海水围塘养殖的自身污染和对海水的富营养化现象已经开始引起人们的关注，但对围塘养殖区各种水化学因子的连续监测研究报道较少。本节主要根据2007～2008年养殖期间对养殖区和进水口、排水口的水质进行定点监测，主要监测指标是无机氮（氨氮、亚硝酸盐和硝酸盐）、总氮、磷酸盐、总磷及COD。分析该养殖区各种水化学要素在养殖期间的变化特征，以及它们之间的内在联系，即相关性，为正确认识和了解围塘养殖区水化学的变化规律以及围塘养殖对水环境的影响提供科学依据。

4.2.1　实验结果分析

养殖期间，围塘海水温度为17.5～34.2℃；pH值：8.2～8.7；DO：4.0～4.8mg/L。围塘海水中无机氮、磷酸盐、总氮和总磷的变化见图4-2～图4-7。总氮值呈现由低到高，又由高到低的变化趋势，其中7～8月（夏季）的值最高；磷酸盐、总氮、总磷则一路升高，在8月达最大值，9月有所回落。混养组和单养组的海水化学指标变化趋势一致，相差不大。

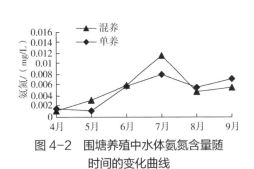

图4-2　围塘养殖中水体氨氮含量随
时间的变化曲线

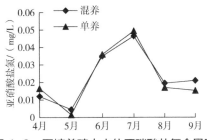

图4-3　围塘养殖中水体亚硝酸盐氮含量随
时间变化曲线

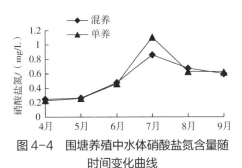

图4-4　围塘养殖中水体硝酸盐氮含量随
时间变化曲线

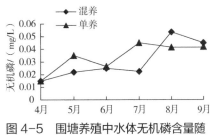

图4-5　围塘养殖中水体无机磷含量随
时间变化曲线

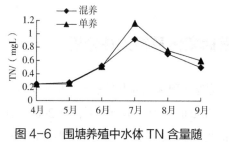

图 4-6 围塘养殖中水体 TN 含量随时间变化曲线

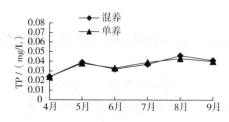

图 4-7 围塘养殖中水体总磷含量随时间变化曲线

（1）围塘养殖海水中 N、P 变化

实验期间，总氮的观测值混养组在 0.25～0.92mg/L，平均 0.53mg/L；单养组在 0.25～1.16mg/L，平均 0.59mg/L。单养组的总氮均高于混养组，但二者差异不显著（t 检验，$p > 0.05$）；氨氮的观测值在 0.0015～0.0145mg/L，硝酸盐氮的观测值在 0.23～1.105mg/L，亚硝酸盐氮观测值在 0.012～0.05mg/L；围塘海水氨氮和亚硝酸盐氮的含量虽在 7～8 月份有所升高，其他时间均维持在较低水平，唯硝酸盐氮的含量较高，6～9 月份混养组和单养组的含量均超过《海水水质标准》（GB 3097—1997）中无机氮的二类海水标准，这可能与养殖海水水质本身硝酸盐氮的含量较高有关；混养组和单养组均差异不显著（t 检验，$p > 0.05$）。

总磷的观测值混养组在 0.024～0.046mg/L，平均 0.0356mg/L；单养组在 0.024～0.043mg/L，平均 0.0354mg/L，混养组略高于单养组。无机磷的观测值混养组在 0.015～0.053mg/L，平均 0.031mg/L；单养组在 0.015～0.045mg/L，平均 0.026mg/L，混养组略高于单养组。

（2）海水围塘化学耗氧量

实验期间，海水围塘中 COD 的观测值混养组在 2.93～9.01mg/L，平均 6.76mg/L；单养组 2.93～9.31mg/L，平均 7.66mg/L（见图 4-8）；混养组除在 6 月份有较大幅度降低外，随着养殖时间的延长，COD 值逐渐上升，而单养组则呈现一直上升的趋势。t 检验表明，混养组和单养组间差异较显著（$p < 0.05$）。

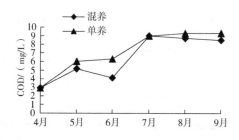

图 4-8 围塘养殖中水体 COD 含量随时间变化曲线

4.2.2　围塘养殖水环境中 N、P、C 的相关分析

海水中主要的营养元素和生命元素是氮、磷和碳，这些元素在生物活动过程中不停地代谢转化和循环，因此它们在水环境中的分布必然受到生物活动和水文、地质以及化学等环境因子的影响。围塘养殖，是受人工调控的一种特殊水环境，在人为影响下，其水环境中的氮、磷和碳之间的转化和循环必然受到影响，因此研究围塘养殖水环境中这几种元素间的相关性以及它们和周围环境因子之间的相关性，对于认识它们在特殊水环境中的转化和循环，了解它们受调控的主要因素，是非常有意义的。

关于围塘养殖水环境中各种营养盐的浓度变化情况，研究文章较多，但它们之间的相关性分析，在目前的文献中仍然多属于零星报道。

本节利用养殖区的监测资料，试着进行分析，探寻不同养殖水环境中氮、磷、碳之间的相关关系以及它们和环境因子之间的相关性，主要分析工具是逐步回归分析和 SPSS 软件中的 Pearson 相关分析。

（1）方法介绍

相关分析是研究变量之间密切程度的一种工具，它可以研究两个变量或者多个变量之间的随机关系。如果研究对象仅涉及两个变量，而且这两个变量又服从二元正态分布，那么，就可以用相关分析中 Pearson 积矩相关系数来描述其线性相关性。

Pearson 相关系数代表了二元正态分布总体中两个变量共同变化的程度，其取值在 -1 和 $+1$ 之间。该系数为零说明两个变量完全不相关。有正相关关系的两个变量表现出共同增加或共同减少的趋势；反之，若一个变量的增加伴随着另一个变量的减少，则它们有负相关关系。随着这种关系的加强，相关系数趋向 -1。如果观测数值是从小到大排列的数据，而且具有等间隔测量的变量 x 和 y，我们就可以采用 Pearson 相关分析来计算，公式如下：

其中：$\bar{x}$、$\bar{y}$ 分别是变量 x、y 的均值；

x_i、y_i 分别是变量 x、y 的第 i 个观测值。

$$r_{xy} = \sum (x_i - \bar{x})(y_i - \bar{y}) / \sqrt{\sum (x_i - \bar{x})^2 (y_i - \bar{y})^2} \qquad (4\text{-}1)$$

在自然环境中，某一环境要素的变化往往同时受其他许多相关环境因子的影响，而且，各种环境因子对该环境要素的变化所起的作用是大小各异的，通过用逐步回归的方法就可以快速而准确地判断影响该环境要素变化的主要因子，剔除

掉其他次要因子，从而达到既抓住事物变化的主要矛盾，简化计算和表述过程，又揭示事物本质变化特征的目的。逐步回归法是运用统计方法借助计算机进行较大量的计算，逐步剔除自变量，经过反复筛选，最终仅保留和因变量（预报量）关系比较密切的自变量，从而建立回归方程，找出各变量之间的主要关系，它的主要步骤如下（主要数学原理和计算过程略）：

① 变量设置

设有 m 个自变量 X_1, X_2, …, X_m，对应一个因变量 Y 的 n 组数据，构成矩阵 $[X_{ij}; Y_i]$ n, m，（i=1, 2,…, n; j=1, 2, …, m），设各组数据互相独立，各自变量和因变量是线性关系，而且随机误差项遵从正态分布。

② 计算协方差矩阵

③ 逐步筛选自变量

④ 建立回归式

a. 建立回归方程

经逐步筛选，设一共引入 g 个自变量，求得回归式的常数项 b_0，从而建立回归方程：

$$Y=b_0+b_{k1}X_{k1}+b_{k2}X_{k2}+\cdots+ b_{kg}X_{kg} \tag{4-2}$$

b. 回归式的误差估计及相关系数

剩余标准偏差 S 值越小说明所构造的回归式越理想；复相关系数 R（$0 \leqslant R \leqslant 1$）越接近1，回归效果越好；回归方程中对应的 F 值越大，反应的自变量就越重要。

⑤ 回归式好坏的检验。在回归之前抽取部分数据不参加构造回归式，用于检验所构造回归式的好坏。

（2）结果与分析

根据2007年4月～2008年10月海水围塘监测的数据资料，利用 SPSS 软件对它们各自 N、P、C 各形态的相关性进行了分析，采用的分析方法是相关分析中常用的 Pearson 相关分析，此分析方法适用于等间隔测定的数据，结果见表4-2与表4-3。

表4-2　海水围塘混养区水环境中 N、P、C 各形态的相关分析表

项目	NH_4^+-N	NO_3^--N	NO_2^--N	PO_4^{3-}-P	TN	TP	COD
NH_4^+-N	1.000	0.824	0.901*	−0.61	0.582	0.221	0.622
NO_3^--N		1.000	0.814	0.458	0.916*	0.520	0.885*

续表

项目	NH_4^+-N	NO_3^--N	NO_2^--N	PO_4^{3-}-P	TN	TP	COD
NO_2^--N			1.000	0.000	0.573	0.032	0.468
PO_4^{3-}-P				1.000	0.769	0.813	0.631
TN					1.000	0.772	0.972**
TP						1.000	0.802
COD							1.000

注：*代表 $p < 0.05$，差异显著；**代表 $p < 0.01$，差异极显著。

① 混合养殖区水环境中 N、P、C 间的相关分析。由表 4-2 可知，混合养殖区海水水质中 N、P、C 之间主要存在着以下几种相关：

a. TN 和 TP 之间呈正相关，相关系数是 0.772；

b. NH_4^+-N 和 NO_3^--N 之间呈正相关，相关系数是 0.824；

c. NH_4^+-N 和 NO_2^--N 之间呈显著正相关，相关系数是 0.901；

d. NH_4^+-N 和 TN 之间呈正相关，相关系数是 0.582；

e. NH_4^+-N 和 COD 之间呈正相关，相关系数是 0.622；

f. NO_3^--N 和 NO_2^--N 之间呈正相关，相关系数是 0.814；

g. NO_3^--N 和 TN 之间呈显著正相关，相关系数是 0.916；

h. NO_3^--N 和 TP 之间呈正相关，相关系数是 0.520；

i. NO_3^--N 和 COD 之间呈显著正相关，相关系数是 0.885；

j. NO_2^--N 和 TN 之间呈正相关，相关系数是 0.573；

k. PO_4^{3-}-P 和 TN 之间呈正相关，相关系数是 0.769；

l. PO_4^{3-}-P 和 TP 之间呈正相关，相关系数是 0.813；

m. PO_4^{3-}-P 和 COD 之间呈正相关，相关系数是 0.631；

n. TN 和 COD 之间呈极显著正相关，相关系数是 0.972；

o. TP 和 COD 之间呈正相关，相关系数是 0.802；

p. PO_4^{3-}-P 和 NH_4^+-N 之间呈负相关，相关系数为-0.16。

可见，海水混合养殖中，N、P、C 的相关性特点为：

a. 总氮和三氮之间存在相关性，且总氮和硝酸盐氮、氨氮和亚硝酸盐氮之间相关显著，这说明围塘海水混合养殖中，氮的循环较完全；且总氮的变化和三氮，特别是和硝酸盐氮和氨氮相关。

b. 磷酸盐和三氮之间无相关，甚至与氨氮之间呈负相关；但与总氮、总磷和

COD 呈正相关。

　　c. 总磷和三氮之间无相关，但与磷酸盐、总氮和 COD 呈正相关。

　　d. COD 与总氮正相关极显著，与硝酸盐氮正相关显著，与总磷、磷酸盐和氨氮正相关，而与亚硝酸盐氮无相关。

　　② 单养区水环境中 N、P、C 间的相关分析。从表 4-3 中可知，围塘海水单养区中 N、P、C 之间主要存在着以下几种相关：

　　a. NH_4^+-N 和 NO_3^--N 之间呈正相关，相关系数是 0.780；

　　b. NH_4^+-N 和 NO_2^--N 之间呈极显著正相关，相关系数是 0.959；

　　c. NH_4^+-N 和 PO_4^{3-}-P 之间呈显著正相关，相关系数是 0.926；

　　d. NO_3^--N 和 NO_2^--N 之间呈正相关，相关系数是 0.805；

　　e. NO_3^--N 和 PO_4^{3-}-P 之间呈显著正相关，相关系数是 0.942；

　　f. NO_3^--N 和 TN 之间呈正相关，相关系数是 0.550；

　　g. NO_3^--N 和 TP 之间呈正相关，相关系数是 0.548；

　　h. NO_3^--N 和 COD 之间呈正相关，相关系数是 0.789；

　　i. NO_2^--N 和 PO_4^{3-}-P 之间呈显著正相关，相关系数是 0.956；

　　j. PO_4^{3-}-P 和 COD 之间呈正相关，相关系数是 0.607；

　　k. TN 和 TP 之间呈显著正相关，相关系数是 0.949；

　　l. TN 和 COD 之间呈显著正相关，相关系数是 0.943；

　　m. TP 和 COD 之间呈显著正相关，相关系数是 0.928。

表 4-3　海水围塘单养区水环境中 N、P、C 各形态的相关分析表

项目	NH_4^+-N	NO_3^--N	NO_2^--N	PO_4^{3-}-P	TN	TP	COD
NH_4^+-N	1.000	0.780	0.959**	0.926*	0.185	0.131	0.411
NO_3^--N		1.000	0.805	0.942*	0.550	0.548	0.789
NO_2^--N			1.000	0.956*	0.177	0.067	0.406
PO_4^{3-}-P				1.000	0.342	0.290	0.597
TN					1.000	0.949*	0.943*
TP						1.000	0.928*
COD							1.000

　　注：*代表 $p<0.05$，差异显著，**代表 $p<0.01$，差异极显著。

　　可见，围塘海水单养中，N、P、C 的相关性特点为：

　　a. 三氮之间存在相关性，但是总氮与三氮之间无相关性。说明围塘海水单养

养殖中，三氮之间的变换较完全，而与总氮之间的变换不完全。

b. 磷酸盐和三氮之间相关显著，与 COD 相关，而与总氮、总磷无相关。

c. 总氮与三氮、磷酸盐均不相关，但与总磷、COD 相关显著。

d. COD 与总氮、总磷正相关显著，与磷酸盐、硝酸盐氮正相关，与亚硝酸盐氮、氨氮无相关。

③ 围塘海水中 N、P、C 与环境因子之间的回归分析。水环境中影响 N、P、C 各种形态转化的环境因子主要包括物理过程、化学过程和生物过程。在研究中，通常取水温、盐度和 pH 值等表征水体的物理过程，取 COD、BOD、DO 等表征水体的化学过程，取叶绿素 a 作为生物过程。本文缺少了叶绿素 a 的系统实测数据，仅研究影响海水中 N、P、C 各种形态转化的物理过程和化学过程。根据 2007 年 4 月～2008 年 10 月海水围塘监测的数据资料，利用逐步回归分析方法分析了该养殖区 N、P、C 的各种形态与主要水环境因子 [水温（T）、盐度（S）、pH 值、DO 和 COD] 之间的相关性，找出影响这些水化学存在形态变化的主要环境因子，并建立了相关的回归模式，结果见表 4-4 与表 4-5。

表 4-4　海水围塘混养区水环境中 N、P、C 各形态与环境因子的回归方程

项目	相关模式	R（复相关系数）	S（剩余标准差）	F 值
NH_4^+-N	NH_4^+-N=0.187pH−1.315+0.009COD	0.728	0.005	15.251
NO_3^--N	NO_3^--N=0.293S−0.581	0.687	0.006	8.294
NO_2^--N	NO_2^--N=0.06−0.001COD	0.648	0.005	6.418
TN	TN=1.532−0.553S	0.732	0.043	8.798
PO_4^{3-}-P	PO_4^{3-}-P=0.07−0.006COD	0.724	0.003	6.822
TP	TP=0.008+0.005COD	0.772	0.007	9.759
COD	COD=0.824T−0.466DO−10.59	0.641	0.387	8.028

表 4-5　海水围塘单养区水环境中 N、P、C 各形态与环境因子的回归方程

项目	相关模式	R（复相关系数）	S（剩余标准差）	F 值
NH_4^+-N	NH_4^+-N=0.126T−2.473−0.003COD	0.792	0.035	8.163
NO_3^--N	NO_3^--N=−0.635+0.054pH+0.047D0	0.715	0.003	8.941
NO_2^--N	NO_2^--N =0.007−0.002COD	0.624	0.001	9.819
TN	TN=15.425+0.228COD−2.216pH	0.929	0.0745	3.041
PO_4^{3-}-P	PO_4^{3-}-P=0.754−0.092pH	0.587	0.005	10.125
TP	TP=0.0065COD+0.009	0.908	0.006	5.914
COD	COD=3.873T−75.94−0.411DO	0.614	0.786	8.625

通过表 4-4 可以看到，在混合养殖区，N、P、C 和环境因子之间的关系主要是：

① 影响 NH_4^+-N 的主要环境因子是 COD 和 pH 值；影响 NO_3^--N 的主要环境因子是盐度；影响 NO_2^--N 的主要环境因子是 COD；影响 TN 的主要环境因子是盐度。

② 影响 TP 和 PO_4^{3-}-P 的主要环境因子是 COD。

③ 影响 COD 的主要环境因子是温度和溶解氧。

通过表 4-5 可以看到，在单养区，N、P、C 和环境因子之间的关系主要是：

① 影响 NH_4^+-N 的主要环境因子是 COD 和温度；影响 NO_3^--N 的主要环境因子是 pH 值和溶解氧；影响 NO_2^--N 的主要环境因子是 COD；影响 TN 的主要环境因子是 COD 和 pH 值。

② 影响 TP 的主要环境因子是 COD；影响 PO_4^{3-}-P 的主要环境因子是 pH 值。

③ 影响 COD 的主要环境因子是温度和溶解氧。

4.2.3 化学指标变化及相关性讨论

（1）围塘海水养殖水体中氮的变化

两种养殖方式下水环境中氮之间的转化则有如下关系：

① 按照水体中无机氮之间相互转化（$NH_3 \rightleftharpoons NH_4OH \rightleftharpoons NO_2^- \rightleftharpoons NO_3^-$）的热力学趋势，达到平衡时氮基本以 NO_3^- 的形式存在，如果三氮之间转化完全，NO_3^--N 应该与 NH_4^+-N 和 NO_2^--N 之间相关（彭云辉等，2001）。混养区和单养区，三氮之间的转化是完全的，因为三氮之间均相关。

② 水体中无机氮之间的转化与水体溶解氧（DO）程度有关，在 DO 高时氨氮向硝酸盐氮转化，硝酸盐氮占绝对优势；在缺氧条件下，硝酸盐氮向亚硝酸盐氮和氨氮转化，水体氨氮占优势（席峰，2007）。本章混养区和单养区硝酸盐氮含量始终较高，而养殖期间的 DO 也证明始终在 5mg/L 左右。

③ 在围塘混合养殖中，总氮的变化主要是由硝酸盐氮决定，或者说硝酸盐氮是该养殖区水体无机氮的主要存在形态，因为总氮和硝酸盐氮之间都存在显著相关，本节表 4-2 的监测数据也证实了这一点。

（2）围塘海水养殖水体中磷的变化

混养组总磷和总氮、磷酸盐、COD 均正相关，但与三氮之间无相关；而单养区总磷也与总氮、COD 显著正相关，而磷酸盐和三氮无相关。磷和氮对海洋生态系统浮游植物、浮游动物的数量、生长速率均有不同程度影响。研究表明，高 N∶P（20～30 以上）会维持微型硅藻的优势，桡足类主要摄食硅藻，分配更多的能量到传统食物链上；相反，低 N∶P 会促进微型鞭毛藻的优势，而使流动到微生物环的能量增加（陈尚等，1999）。本研究表明，围塘海水中的三氮总和与活性磷酸盐的比值大于 16（混养为 19.6，单养为 25.2），说明硅藻是浮游植物的优势种群（Anderson et al.，1994）。

（3）围塘海水养殖水体中 COD 的变化

在养殖过程中，由于施肥、投饵及养殖动物排泄物的累积等原因，水体中的有机物不断升高，因而作为反映水体有机负荷大小重要指标之一的 COD 值常随时间的推移而不断升高。孙耀等（1996）研究了虾池配合饲料入水后形成的残饵 36d 时间内对水体的耗氧量，结果表明新生残饵耗氧量在 4.09～17.61mg/kg.d 之间。而陈四清等（1995）认为饲料入水后能使水域每天增加 0.065mg/L 的化学耗氧量，生产中 COD 一般可达 8.01～14.22mg/L。本研究结果表明，混养组中的 COD 比单养组平均值降低了 13.3%，除去混养的有利影响外，还与混养组减少了投饵量，从而降低了水体残饵量，致使有机负荷大幅度降低有关。

围塘养殖水质状况能否符合养殖要求，倍受人们关注。本实验对氨氮、亚硝酸盐氮、硝酸盐氮、总氮、无机磷、总磷等方面的测定结果表明，围塘养殖的水质基本符合养殖要求标准。

（4）围塘海水养殖水体中的 N、P、C 与环境因子关系分析

根据围塘海水 N、P、C 与各种环境因子之间的回归分析结果，可以得到影响 N、P、C 各种形态变化的主要环境因子。水环境中影响 N、P、C 各种形态转化分布的过程主要包括物理过程、化学过程和生物过程，这三个过程时而这个过程占优，时而那个过程占有，时而几个过程共同作用，控制和影响着水中 N、P、C 的循环和转化（彭云辉等，2001），根据前面的回归分析可以得到：

在混养区对 TN 起主要作用的是物理过程，而单养区对 TN 则是物理过程和化学过程同时起作用；对 NH_3^+-N 的影响虽然同是物理过程起作用，但混养区是盐度，而单养区是 pH 值和溶解氧。影响磷各种形态变化的主要是化学过程起作用，但在单养区对 PO_4^{3-}-P 的影响还有 pH 值。而影响 COD 的环境因子混养区和单养区均相同。

在海水养殖中，营养盐与浮游动植物、叶绿素也有很明显的相关性（陈其焕等，1990），因此影响海水中氮、磷形态变化的过程除了物理过程和化学过程外，生物过程也十分重要。

4.3 海水围塘养殖生态系统中氮磷平衡研究

氮和磷是生态系统中物质循环的重要环节，水体中氮和磷的多寡能促进或抑制水产养殖生态系统中能量的转化。而且，氮和磷作为浮游植物生长的限制性营养元素，它们之间的含量和比例关系对水体生物的生长也是很重要的。另外，磷作为浮游植物生长的限制性营养元素之一，其需要量比氮少，这是由于自然界中的含磷化合物，其溶解性及移动性比含氮化合物低得多，补给数量及速度也比氮少得多，所以磷对水体初级生产的限制作用往往比氮更强。对于养殖水体来说，保持稳定的浮游植物群落结构和数量是提高养殖产量的重要内容和手段，因此了解养殖水体中氮和磷的存在形态、迁移转化以及平衡，可为保持养殖生态环境的相对稳定提供依据，促进水产养殖业的发展。

4.3.1 养殖水体中N的平衡

（1）养殖水体中 N 的形态及转化

天然水体中，氮有−3 至+5 九种不同价态，成单质（N_2）、无机物（NH_3、NH_4^+、NO_2^-，NO_3^- 等）、有机物（如尿素、氨基酸、蛋白质等）等形式存在，在生物及非生物因素的共同作用下，它们在水体内不断迁移转化，构成一个复杂的动态循环。但是在养殖水体中，由于人为的干扰和介入，使得养殖水环境中氮的形态特征和转化过程发生了很大改变。

根据热力学平衡原理计算，一般水体中，有效氮（指能被水中植物直接吸收利用的氮，一般是三氮，即 NO_3^--N、NH_4^+-N 和 NO_2^--N）主要以 NO_3^--N 的形式存在，而 NH_4^+-N 和 NO_2^--N 的含量均较少，同时，有效氮的几种形态随季节会发生变化，而且各种形态之间的相互转化，除受非生物活化和光活化的氧化还原作用外，主要为生物过程所控制（崔毅等，1996）。然而，在养殖水环境中，许多研究表明，NH_4^+-N 和 NO_2^--N 的含量往往超过 NO_3^--N，特别是在 8～9 月份高温期间，NH_4^+-N 的含量可占有效氮的 50%～90%（王伟良，2000）。这主要是因为养殖生物产生的大量排泄物中含有较多的 NH_4^+-N（梁玉波，1998）。同时，由于养殖水体中 DO 一般较低，导致水体中硝化作用减弱而生成 NH_4^+-N 和 NO_2^--N 的缘故。

（2）养殖水体中 N 的平衡

水体中存在各种形态的氮以生物为主要媒介，发生着某种程度的转化，这种转化构成了氮一个重要复杂的动态循环，对于这些过程，许多学者都从不同角度进行了研究。在养殖水体中，由于人为介入，使得这种自然循环在某些环节或过程发生了改变，构成一个新的动态循环。这种新的动态循环可以看成是增氮作用与耗氮作用的矛盾运动过程，而养殖水体中氮量的变化即增加或减少就是由这对矛盾的动态过程所决定的。

根据养殖水环境中氮的循环，在一个养殖周期内把养殖水体看成一个整体，计算氮的物质平衡，既可以说明养殖生态系统中营养元素氮的归宿，进而评价不同氮来源的相对重要性，又可以了解养殖水体中氮的迁移转化，估计养殖水环境的污染负荷及饵料和食物的利用率，为水产养殖提供科学指导。

对于氮的收支平衡，国内外许多学者都进行了大量研究，在不同的环境和养殖条件下得出了各种平衡模式。在国内，齐振雄等（1998）用池塘围隔进行实验，得出氮的收支方程为：饵料（49.7%～54.5%）+肥料（47.5%～50.1%）=对虾收获（9.06%～11.5%）+沉积氮（19.4%～64.6%）+渗漏氮（5.0%）。在该实验中，单养虾池生态系统氮的利用率是很低的，只有 5.76%～9.71%。

杨逸萍等（1999）根据实验虾池的实际情况和现场监测数据，把精养虾池视为封闭体系，运用"积累法"，估算精养虾池氮的收支，结果如下：虾苗（<0.1%）+进水（5%～7%）+饵料（87%～92%）+施肥（3%～5%）=漏水（5%～7%）+虾收获（19%）+沉积物（62%～68%）+池水中氮（8%～12%）。可见，人工输入的氮占总输入氮的90%左右，总输入氮的19%转化为虾体内氮，其余大部分（62%～68%）累积于虾池底部的淤泥中，此外，还有 8%～12%以悬浮颗粒氮、溶解有机氮等形式存在于池水中。

在国外，Páez-Osuna 等（1998）对墨西哥西北部近海虾塘养殖 N、P 的浓度进行调查研究，并根据总营养物质的质量平衡提出了 N、P 的物质平衡模型，其中 N 的收支方程为：饵料（55.9%）+换水输入（24.6%）+肥料（19.5%）+放养幼虾（小于 0.1%）+其他=底泥沉积（未知）+换水输出（11.2%）+成虾收获（22.7%）+氨挥发（65.7%）+浮游生物同化（0.4%）。

对于虾池来说，不同的养殖地点和养殖方式其氮的输入输出各项所占比例的大小是有差别的，Martin（1998）和 Lefebvre（2001）等在研究不同养殖密度对虾池中的物质平衡方程也证明了这一点。但是，其输入输出的方式或者说其输入输出项都基本上是大同小异的。

另外, Teichert 等 (2000) 对半精养虾池进行了模拟实验, 得出氮的主要输入是引入水 (63%) 和饵料 (36%), 主要输出是交换排水损失 (72%) 和成虾收获 (14%), 约有 7% 的输入氮被虾池中其他生物所固定或吸收。

不同养殖类型、不同养殖密度以及不同的水域环境, 其养殖水体中氮的各项收支是不同的, 有时甚至大相径庭。但是, 总的来说, 对于养殖水环境中氮的输入, 其贡献比较大的有: 饵料、肥料和进水; 对于氮的输出贡献比较大的有: 养殖体收获、排水损失、底泥沉积、去氮作用和氨挥发。因此, 在养殖过程中, 应要重点注意和控制这一部分氮的数量, 从而能够有效控制和掌握整个养殖水环境中氮的总量。

4.3.2 养殖水体中 P 的平衡

(1) 养殖水体中 P 的形态及转化

天然水体中的磷通常都是 +5 价, 呈溶解或悬浮的正磷酸盐形式存在, 也可以溶解或悬浮不溶的有机磷化合物形式存在, 即溶解态无机磷 (DIP)、溶解态有机磷 (DOP)、颗粒磷 (PP) (韦蔓新等, 2001)。养殖水体中磷的存在形态也主要是这几种, 这几种形态的磷可以相互转化, 在它们转化过程中, 生物过程起主要作用。

在以投饵为主的人工养殖模式下, 水体中磷的主要来源是饵料、肥料及引水过程中带来的磷。饵料、肥料中的磷以 DIP 和 DOP 的形态进入水体, 其中 DIP 形态的磷一部分被浮游植物吸收利用, 尤其是夏季更为显著, 由于浮游植物生长繁衍处于高峰期, 主动消耗营养盐 DIP 转化为 BP (生物磷), 水中无机磷含量降到最低。许多研究已证明 (陈水土等, 1994), 当有磷酸盐供应时, 大多数藻类都表现出可以累积过量的磷酸盐, 以多磷酸盐颗粒形式储存于细胞中, 在磷酸盐供应不足时, 这种形式的磷可用来支持种群的生长, 这反映了生物活动过程中无机磷转化的重要性。浮游生物活体及排泄物和残饵是 PP 的主要供应源, 悬浮颗粒物对磷的吸附与磷自悬浮颗粒物上解吸是 PP 与 DIP 转化的途径, 其中在微生物参与下, 部分 PP 也可转化为 DOP 或 BP 被浮游生物吸收, 如水体中的异养细菌, 一方面分解并利用环境中的有机磷 [包括 DOP 和 PP 中的 POP (颗粒态有机磷) 部分], 促使无机营养盐再生; 另一方面利用水中 DOP 合成菌体, 并加入食物链, 进入另一种循环 (彭云辉等, 1991; 曹立业, 1996)。

在引水过程中，引入的清洁水与养殖水体的水相混合，养殖水体中磷的浓度被稀释，相对于沉积物中磷的浓度较低，沉积物的释磷量将会增大，但很短的时间就会达到平衡，使水中磷的浓度维持在较高浓度水平，再加上投饵和施肥过程增加的磷又使水体中的磷向沉积物转移。另外，因引水过程中盐度增高，盐基离子与吸附在颗粒物上的磷发生离子交换作用，使悬浮颗粒物上的磷部分解吸，进入水体，使颗粒态磷的含量随盐度的增加而降低；还有部分悬浮的含磷有机颗粒，在微生物作用下分解，将有机形态磷转化为 DOP 或 DIP 等形态，而在氧化条件下，有机形态磷可能直接转化为溶解态磷（齐振雄等，1998）。

在养殖水体中，有效磷的减少主要是水体中的溶解态磷被悬浮颗粒吸附形成颗粒态磷，然后经絮凝沉淀转移到沉积物中，而沉积物中各种形态的磷在水环境中的 pH、氧化还原条件改变及水体扰动的情况下，会随着颗粒物质再悬浮，以颗粒态磷的形式进入水体，参与水体中磷的形态转化和循环。

（2）养殖水体中 P 的平衡

磷的动态循环可以看成是增磷作用与耗磷作用的矛盾运动过程，而养殖水体中含磷量的变化量即增加或减少量就是由这对矛盾的动态决定的。根据养殖水环境中磷的循环，把养殖水体看成一个整体，计算磷的物质平衡，可以了解养殖水体中磷的迁移转化，估计养殖水体的污染负荷及饵料和食物的利用率，为水产养殖提供科学指导。

关于水体中磷的物质平衡，国内外已有了一些研究。Funge-Smith 等（1998）以及 Páez-Osuna 等（1998）分别对精养虾池的磷收支平衡做了细致估算，在 Funge-Smith 的模式中，磷的收支方程为：饵料（51%）+底泥释放（26%）+肥料（21%）+换水输入（2%）+降雨（0.1%）+地面流入（0.05%）+放养幼虾（0.01%）+其他=底泥沉积（84%）+换水输出（7%）+成虾收获（6%）+收获排水（3%）+渗析（0.02%）+其他。

在 Páez-Osuna 的模式中，磷的收支方程为：饵料（50.9%）+换水输入（40.6%）+肥料（9.5%）+放养幼虾（小于 0.4%）+其他=底泥沉积（47.2%）+换水输出（42.2%）+成虾收获（10.6%）+其他。

从以上两个方程可以看到，对于虾池来说，不同的养殖地点和养殖方式其磷的输入输出各项大小是不同的，有时甚至大相径庭。总的来说，对于养殖水体中磷的输入，其贡献比较大的有饵料、肥料和进水；对于磷的输出贡献比较大的有养殖体收获、排水损失和底泥沉积。因此，在养殖过程中，应该重点注意和控制这一部分磷的数量，从而能够有效控制和掌握养殖水环境中磷的总量和变化，为改善养殖生态结构、提高磷营养物的利用率、保护水环境提供依据。

4.3.3 海水围塘养殖生态系统氮磷平衡模式的研究

在一个养殖周期内把养殖水体看成一个整体，根据计算氮磷的物质平衡，可以说明养殖水环境中氮磷的循环，还可以说明养殖生态系统中氮磷的归宿，进而评价不同氮磷来源的相对重要性，又可以了解养殖水体中氮磷的迁移转化，估计养殖水环境的污染负荷及饵料和食物的利用率，为水产养殖提供科学指导。

根据宋庄镇海水有机混合养殖的管理模式，在一个养殖周期内单个池塘的氮磷物质平衡模式方程可以表示为：

饵料+幼苗（虾苗+鱼苗+蛏苗）+肥料+换水输入+其他=

成品（对虾+梭鱼+缢蛏）收获+换水输出+底泥沉积+其他

单养模式中幼苗为虾苗，成品为对虾。

当然，对于 N 来说，方程的左边应该还有降雨、固氮作用等项，右边还有氨挥发以及去氮作用等项；而对于 P 来说，同样存在降雨等过程。但是，在本文研究中，一方面，这些项相对方程中的其他几个项来说，数量要小得多，可以忽略；另一方面，这些项的作用对于养殖区与非养殖区都同样存在，与养殖造成的 N、P 物质输入输出平衡无关，所以在物质平衡方程中可以不予考虑。

（1）实验池养殖周期投入产出情况

根据有机混养标准化管理的塘口生产档案记录，混养周期为 2008 年 3 月～10月 30 日，塘口投入与产出见表 4-6。

表 4-6　一个养殖周期的投入产出量　　　　　　　单位：kg/ha

		蛏苗	梭鱼苗	对虾苗	饵料	淡水蚤	鸡粪肥
投入	混养	139	22.5	2.8	1013	20	1000
	单养			7.5	3460		1000
		缢蛏	梭鱼	对虾			
产出	混养	6218	185	938			
	单养			2856			

（2）实验投放物和收获物的干重及氮磷含量

实验期间投入的饵料、沼液和养殖生物体的氮磷含量见表 4-7。

表 4-7　实验中饵料、肥料和生物体的干物质及氮磷含量

指标	蛏苗	梭鱼苗	对虾苗	饵料	淡水蚤	鸡粪肥	缢蛏	梭鱼	对虾
干物质/%	16.4	26.8	16.9	91.2	13.2	89.7	18.6	32.1	27.3
N/%	0.12	1.36	6.71	6.83	5.81	3.94	0.12	2.56	3.97
P/%	0.082	0.14	0.80	1.19	0.35	1.56	0.086	0.15	1.04

（3）实验前后围塘底泥干物质及氮磷含量

表 4-8 列出了实验前后围塘底泥干物质及氮磷含量。实验前后底泥干物质的含量变化不大，但底泥中氮磷含量均有累积。其中，N 的百分含量变化很小，相比较而言，P 在底泥中沉积更多。这是因为系统沉积物中的氮可经矿化而再利用或经硝化作用变成硝酸盐氮而溶解，而磷为沉积型循环，较大部分以难溶形式在底泥中沉积。各围塘中，T 组的氮磷沉积量最少，在 C 组中氮磷沉积量最多。

本实验池塘位于海州湾海边，池塘养殖历史有十几年，塘中软泥层达十几厘米，因而取每天渗漏 1.5cm（齐振雄等，1998），养殖天数平均为 200 天。实验测得混养组底泥间隙水总氮（TN）、总磷（TP）浓度分别为 1.26mg/L 和 0.123mg/L；单养组 TN、TP 浓度分别为 2.03 mg/L 和 0.107mg/L。由此可算出围塘氮磷的渗漏值，见表 4-10。

表 4-8　实验前后围塘底泥干物质及氮磷含量

指标	实验前/后	T	C
干物质/%	前	79.0±1.0	79.0±1.0
	后	76.6±1.6	77.3±1.1
N（干重）/%	前	0.080±0.01	0.090±0.01
	后	0.083±0.02	0.094±0.015
P（干重）/（mg/kg）	前	521.04±11.5	520.80±15.1
	后	535.56±15.0	537.37±14.0

（4）围塘海水中化学指标的测定

养殖期间，对养殖区的水质进行定点监测的同时，在进水口和排水口设置监

测位点，对每次进水和排水的水量和水质进行监测，结果见表4-9。

表4-9　入塘海水和养殖排水化学指标均值

指标	入塘海水	养殖排水	
		T	C
TN/（mg/L）	0.25±0.02	0.582	0.656
NH_4^+ -N/（mg/L）	0.002±0.001	0.0076	0.0052
NO_3^- -N/（mg/L）	0.23±0.02	0.57	0.625
NO_2^- -N/（mg/L）	0.012±0.004	0.0264	0.0260
TP/（mg/L）	0.026±0.002	0.0385	0.0383
PO_4^{3-} -P/（mg/L）	0.015±0.001	0.0308	0.0256

（5）海水围塘养殖氮磷平衡方程的建立

根据已建立的氮磷平衡方程，经过计算，给出了海水围塘养殖氮磷平衡数据表（见表4-10）。

表4-10　不同实验围塘氮磷平衡情况　　　　　　　　　单位：kg/ha

项目		T		C	
		N	P	N	P
输入	饵料	63.2	10.1	206	34.3
	幼苗	0.14	0.03	0.09	0.01
	肥料	34	13.4	34	13.4
	换水	18.8	1.8	18.8	1.8
	总输入	116.14	25.33	258.89	49.51
输出	成品收获	13.1	1.35	31	8.11
	换水	41.7	3.67	46.3	3.66
	底泥沉积	17.24	9.2	58	19.7
	渗漏	40.8	3.7	60.9	3.2
	总输出	112.84	17.92	196.2	34.67

由此，我们得到在一个养殖周期内，海水围塘养殖（1ha）的物质平衡方程各项大小为：

N 的物质平衡方程：

混养组：饵料（63.2kg）+幼苗（0.14kg）+肥料（34.0kg）+换水输入（18.8kg）=产品收获（13.1kg）+换水输出（41.7kg）+底泥沉积（17.2kg）+渗漏（40.8kg）+其他（2.0kg）

单养组：饵料（206kg）+幼苗（0.1kg）+肥料（34.0kg）+换水输入（18.8kg）=产品收获（31.0kg）+换水输出（46.3kg）+底泥沉积（58kg）+渗漏（60.9kg）+其他（62.70kg）

P 的物质平衡方程：

混养组：饵料（10.1kg）+幼苗（0.03kg）+肥料（13.4kg）+换水输入（1.8kg）=产品收获（1.35kg）+换水输出（3.67kg）+底泥沉积（9.2kg）+渗漏（3.7kg）+其他（7.4kg）

单养组：饵料（34.3kg）+幼苗（0.01kg）+肥料（13.4kg）+换水输入（1.8kg）=产品收获（8.1kg）+换水输出（3.66kg）+底泥沉积（19.7kg）+渗漏（3.2kg）+其他（14.8kg）

以上的物质平衡方程以 1ha 一个养殖周期（200 天）为单位，方程右边的底泥沉积为净沉积量，即每年清淤的量。方程中的其他项，很可能是围塘养殖各项输入与输出相减之后的残余部分，这部分对围塘养殖污染的贡献就是使围塘内水环境中 N、P 营养物质增加。

根据上面的物质平衡方程，我们可以推算出海水围塘养殖物质平衡的概念模型：

N 的概念模型：

混养组：饵料（54.4%）+幼苗（0.1%）+肥料（29.3%）+换水输入（16.2%）=产品收获（11.3%）+换水输出（35.9%）+底泥沉积（14.8%）+渗漏（35.1%）+其他（2.8%）

单养组：饵料（79.6%）+幼苗（0.04%）+肥料（13.1%）+换水输入（7.3%）=产品收获（12%）+换水输出（17.9%）+底泥沉积（22.4%）+渗漏（23.5%）+其他（24.2%）

P 的概念模型：

混养组：饵料（39.9%）+幼苗（0.1%）+肥料（52.9%）+换水输入（7.1%）=产品收获（5.3%）+换水输出（14.5%）+底泥沉积（36.3%）+渗漏（14.6%）+其他（29.3%）

单养组：饵料（69.3%）+幼苗（0.02%）+肥料（27.1%）+换水输入（3.6%）=产品收获（16.4%）+换水输出（7.4%）+底泥沉积（39.8%）+渗漏（6.5%）+其他（30%）

在氮的收支中，具异形孢蓝藻的固氮作用常是氮收入的组成部分，有时能够达到很大比例（Howath et al.，1988）。本实验期间蓝藻含量少，也未见到以蓝藻为主的水华发生,因而没有考虑水层的固氮作用。在氮的支出项目中,以硝化作用为中介的解氮作用是氮损失的形式之一,但通常认为其主要在缺氧环境下,且有充足的 NO_3^--N 和 NO_2^--N 时发生。氮的另一损失形式为水层氨的挥发作用,它取决于总氨浓度和 pH 值。实验期间围隔水层 NH_4^+-N 含量一直很低,且缺氧情况几乎没有发生,因而本研究中解氮及氨的挥发作用很小。

从氮磷收支情况可以看出,在以施肥、投饵为主的对虾人工养殖模式下,重要营养元素 P 在底泥的沉积为其主要支出项目;对 N,不同放养模式下其累积的程度有很大差异。

根据上面的模型,可以画出该海水围塘养殖区养殖概念模型示意图,见图4-9~图4-12。

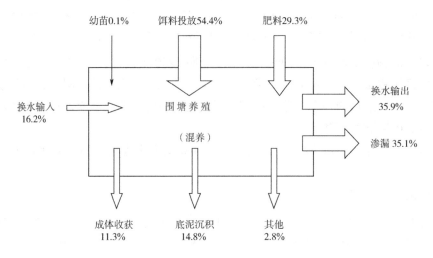

图4-9　海水围塘混合养殖 N 物质平衡概念模型图

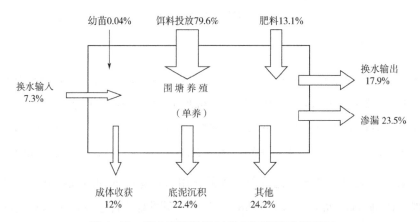

图4-10　海水围塘单养 N 物质平衡概念模型图

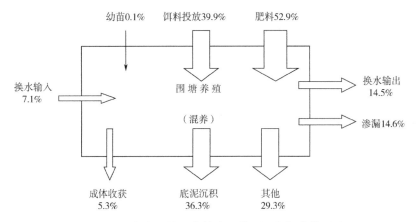

图 4-11　海水围塘混合养殖 P 物质平衡概念模型图

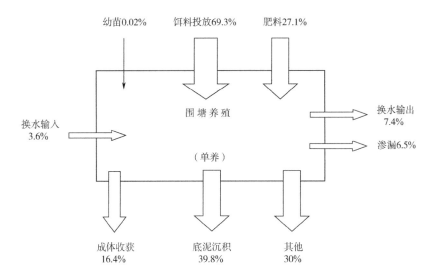

图 4-12　海水围塘单养 P 物质平衡概念模型图

由此可见，从物质平衡的角度来看，在一个养殖周期内，海水围塘养殖中人为输入的氮占总输入氮，混养组为 83.7% 左右，单养组为总输入氮的 92.7%；转化为养殖鱼体内的氮，混养组为 11.3% 左右，单养组为 12% 左右；沉积转化为底泥中的氮，混养组为 14.8% 左右，单养组达 22.4%；渗漏的氮量也较大，混养组和单养组分别为 35.1%、23.5%。

海水围塘养殖人为输入的磷占总输入磷，混养组为 92.8% 左右，单养组为 96.4%；总输入磷混养组 5.3%，单养组 16.4% 左右转化为养殖品体中的磷；沉积在底泥中的磷，混养组和单养组分别为 36.3% 和 39.8%；不明原因的其他损失都较高，混养组和单养组均在30%左右；而渗漏损失的磷，混养组和单养组分别为14.5%和6.5%左右，随水动力交换向周围水环境中输出的磷，混养组和单养组均与渗漏损失的磷相当。

4.3.4 海水围塘养殖氮磷循环的几点讨论

养殖水体中N、P的各种存在形态和转化与自然状况下相比发生了很大改变，这种改变主要是由于人为的干扰造成的。在自然状况下，N、P的物质循环主要受生物活动、化学过程和物理因子的影响，但是，在养殖水环境中，由于人为的介入，使得这种自然循环在某些环节或过程发生了改变，构成一种新的循环，而这种新的动态循环主要是由养殖过程中增氮、增磷作用与耗氮、耗磷作用这对矛盾决定的。

相比较而言，海水围塘养殖氮的利用率都比Funge-Smith等（1998）、Páez-Osuna等（1998）对精养虾池的研究结果低一半左右，而与舒廷飞等（2004）网箱养殖的研究结果相当，这主要原因可能是因为海水围塘养殖是半开放式的养殖，投入的饵料除了被养殖体当场捕食外，其余的全都马上沉积于底泥或者被换水带走，因此围塘养殖对氮的利用率还是比较低的。而在磷的利用率方面，混合养殖中磷的利用率最低，而单养组的则最高，这可能与混养组主养殖体缢蛏体内的含磷量低有关，也与海水围塘中浮游植物和动物的量有关。

从物质平衡方程我们可以看到，海水围塘养殖对周围水环境造成的污染主要是底泥和渗漏，其次才是动力向外输出，这与Funge-Smith等（1998）、Páez-Osuna等（1998）对精养虾池的研究结果相似，而与舒廷飞等（2004）的研究相反。

围塘养殖水体的N、P物质平衡中，影响水环境中N、P物质输入贡献比较大的项是投饵、肥料和进水，影响水环境中N、P物质输出贡献比较大的项是养殖体收获、底泥沉积和排水。

关于海水围塘养殖物质平衡概念模型的建立，我们在这里只是做了一种探索性的研究，是一种理想的理论假设结果，实际情况可能会与此有一定出入。但是，它一方面为我们了解和提高围塘养殖N、P物质的利用率提供实验数据，另一方面也为我们估算围塘养殖污染负荷提供一种新的思路和视角。

4.4　海水围塘养殖氮磷负荷的研究

在自然状况下，N、P 的物质循环主要受生物活动、化学过程和物理因子的影响，但在养殖水环境中，人为因素使得自然循环的某些环节发生变化，即构成新的 N、P 循环。因此，对水产养殖污染负荷估算几乎都是针对 N、P 负荷量进行计算的。随着海水养殖技术的不断提高，许多种类的养殖都逐渐从粗放型向集约化的养殖方式发展。在养殖过程中人们为了单纯地追求经济效益，片面强调高产，经常忽视养殖水域的承载能力，超密度养殖，使得养殖水环境被严重破坏，病害增加，最终导致养殖难以为继。因此，合理利用和研究养殖水域氮磷负荷，科学规划养殖已迫在眉睫。海水围塘养殖对水环境的影响主要是人工投饵过程中大量营养物质直接进入水体，其输入的主要形态为溶解态和非溶解态。前者表现为水体中某些环境因子含量的增加，后者最终表现为在围塘底的沉积。评价围塘养殖对环境的影响，主要是评价 N、P 的环境负荷量。

4.4.1　氮磷污染负荷的研究方法

（1）物料平衡法

根据海水养殖过程中，物质的输入输出平衡方程来间接推算，叫作物料平衡法，其原理即是所投喂的营养成分，扣除积蓄在养殖体中的量，剩余的就是环境负荷量（齐振雄等，1998）。计算公式为：

$$L_{N,P} = (C \times F_{N,P} - P_{N,P}) \times 10^3 \tag{4-3}$$

式中，$L_{N,P}$ 为 N 或 P 的环境负荷量，kg/t；C 为饵料系数；$F_{N,P}$ 为饵料中 N 或 P 的含量，%；$P_{N,P}$ 为鱼体中 N 或 P 的含量，%。

根据上面物料平衡推算公式，舒廷飞等（2004）借助网箱养殖物质平衡方程和实地监测实验数据，建立了哑铃湾网箱养殖污染负荷数学模型，并在模型中首次考虑了底泥累积污染影响。

某单个网箱养殖对周围水环境造成的污染负荷可简单表示为：

$$P(x,t) = Q(x) + C(x,t) \tag{4-4}$$

式中，$P(x,t)$ 为污染负荷；$Q(x)$ 为恒定污染源，是养殖规模（产量）x 的函数；

$C(x,t)$ 为可变污染源，是养殖规模（产量）x 和养殖时间 t 的函数。

其中，恒定污染源是"饵料+幼鱼−成鱼收获−底泥沉积"，这部分是养殖规模函数，在规模一定的情况下，随着养殖年限增加而基本不变；可变污染源是"底泥释放"，这一部分是随着养殖年限的增加和底泥富集而不断增加的，既是养殖规模 x 的函数，也是养殖时间 t 的函数。

该模型不仅考虑了养殖污染和养殖规模的关系，而且通过养殖的底泥累积污染计算，考虑了养殖污染和养殖时间的关系，不仅计算方便，而且相对比较科学合理。但此模型是针对海水网箱养殖提出的，对于围塘养殖来说，养殖模式并非如海水养殖那样高度一致，另外围塘环境也没有潮汐作用，即使有水的流动和冲击，水流在塘内的停留时间还是比较长的。若将此模型运用到围塘养殖污染计算中，就必须考虑不同养殖模式下的围塘污染负荷，以及围塘底泥中营养物质的沉积量。

（2）竹内俊郎法及其同类方法

日本的竹内俊郎（1997）也曾用类似上述比较简单实用的方法，即"从饵料的营养成分中扣除蓄积在鱼体内的量"来计算海水网箱养殖的 N、P 负荷。具体计算公式如下：

N 负荷量　　　$T_N=(C×Nf−Nb)×10$　　单位：kg/t　　　　　　　（4-5）

P 负荷量　　　$T_P=(C×Pf−Pb)×10$　　单位：kg/t　　　　　　　（4-6）

式中，C 为饵料系数，$C=F/(Bf−Bi)$（F 为每尾鱼每天投饵量，g；Bf 为实验结束时鱼的体重，g；Bi 为实验开始时鱼的体重，g）；Nf 为饵料中 N 的含量，kg/t；Nb 为鱼体内 N 的含量，kg/t；Pf 为饵料中 P 的含量，kg/t；Pb 为鱼体内 P 的含量，kg/t。

以竹内俊郎法为原型，又发展了多种类似的污染负荷计算方法。黄小平等（1998）曾对单个网箱内 N、P 污染负荷产生量进行了估算，网箱内 3m×3m×3m，N、P 污染负荷产生量 F_N、F_P 的计算公式为：

$$F_N=E×E_N−Y×Y_N \qquad\qquad (4-7)$$

$$F_P=E×E_P−Y×Y_P \qquad\qquad (4-8)$$

式中，Y 为产鱼量，kg；Y_N 为鱼体内 N 的含量，%；Y_P 为鱼体内 P 的含量，%；E 为相应产鱼量所需的投饵量，kg；E_N 为饵料中含 N 量，%；E_P 为饵料中含 P 量，%。

竹内俊郎法及同类方法是以饵料系数（C 值）为基础来确定网箱养殖对水环境的负荷。通常，对于定量的养殖生物体，C 值越高就意味着需要饵料越多，即

高 C 值与高营养负荷是密切联系的。营养负荷值与其相应的 C 值存在显著的线性关系。C 值是最易导致误差的参数之一。加上种群的差异，其误差是因没有考虑自然水体中本体营养物所致。假如 C 值计算是正确的，而饲料和生物体中营养物质的含量信息又充足，则对预测营养负荷量很有用。但是，由于围网、网箱养殖中未食饲料很难直接测定，养殖体消化率的确定也有一定难度，同时，对养殖水体水质的影响除了饲料以外，还有底泥的释放以及动力的输送等，所以竹内俊郎法计算结果可能与实际结果有较大出入。若投饵料方式比较单一，则用竹内俊郎法较为方便实用。

（3）化学分析法

化学分析法（舒廷飞等，2005）根据比较封闭的池塘养殖营养物负荷结果来类推网箱或围网养殖，营养物负荷可以直接测定，也可通过营养物的平衡方程来间接推算，其平衡方程为

$$L=N_{in}-N_{out} \tag{4-9}$$

式中，L 为营养物负荷，kg；N_{in} 为输入饲料中的营养物数量，kg；N_{out} 为输出鱼体中的营养物数量，kg。

张玉珍等（2003）以小流域水产养殖为例，用化学分析法对排出鱼塘的养殖污水进行水质分析和 N、P 含量的估算。

$$P=Q(C_{out}-C_{in}) \tag{4-10}$$

式中，P 为污染物排放负荷量，t/d；Q 为全年排出鱼塘的水量，t/d；C_{out}、C_{in} 为全年出水和进水的污染物浓度，%。

化学分析法是估算污染负荷的基础方法，分析监测的数据可应用于多种负荷估算模型中，一般作为辅助方法应用。其测得的 TN 和 TP 浓度只包含了可溶态和悬浮态 N、P 污染物，没有考虑底泥中营养含量，计算的污染负荷量往往偏小。

上述的几种方法都是根据海水养殖物料平衡方程来推算的，只考虑了养殖过程中主要的投饵和收获过程，实际上，对于一个区域的海水养殖来说，其输入输出过程不止这些，譬如药品、幼苗的投入，底泥的沉积和释放，水动力的交换等。对于海水围塘养殖 N、P 负荷的计算，目前国内外还没有很准确的方法，都只是某种程度上的近似模拟。在本文中，我们对于海水围塘养殖的特点，根据物质平衡原理和化学分析法的思路，提出了新的分析方法。

4.4.2　海水围塘养殖氮磷污染负荷的计算

（1）海水围塘养殖氮磷污染负荷分析方法的设计

前人对水产养殖 N、P 污染负荷的计算，主要考虑的是输入输出项，即投饵和成鱼的收获，这种估算相对来说是比较粗略的，它考虑的只是养殖对水环境造成的外源污染，实际上，在养殖过程中，由于残饵和养殖体排泄物的沉积，释放出来的污染物又会对水环境造成二次污染，我们称为内源污染。而且，假设在养殖规模不变的情况下，内源污染会随着养殖时间的延长而不断增大。如果我们把某个围塘当作一个污染源，那么在一个养殖周期内，该围塘养殖对周围水环境造成的真正污染负荷应该是它向外输送的污染物净通量。

有鉴于此，在海水围塘养殖中，在养殖地点相同而且养殖管理方式基本一样的情况下，不仅要考虑养殖海水中的 N、P 输送，还应该考虑底泥中 N、P 的释放或沉积。那么，在海水中的 N、P 可能包含了饵料中和底泥中的 N、P 释放，养殖围塘的底泥中可能包含了饵料和海水中的 N、P 沉积，但不管是释放还是沉积，我们将养殖后海水和围塘底泥中的 N、P 含量减去养殖前海水和围塘底泥中的 N、P 含量（不管中间过程，类似于灰箱理论），就是海水围塘养殖的 N、P 负荷。根据这个原理，本文在化学分析法的基础上，增加了底泥项，提出海水围塘养殖氮磷污染负荷方法，本文称为"结果分析法"，计算公式如下：

$$P = Q_1 \sum (C_{out} - C_{in}) + Q_2 (S_d - S_c) \tag{4-11}$$

式中，P 为污染物排放负荷量；Q_1 为排出围塘的水量；Q_2 为年产围塘底泥量；C_{out}、C_{in} 为出水和进水的污染物浓度；S_d、S_c 为养殖后和养殖前围塘底泥浓度。

（2）利用结果分析法计算海水围塘养殖氮磷负荷

养殖期间进出围塘的海水中 N、P 浓度和排水量变化见表 4-9。实验前后围塘底泥干物质及氮磷含量变化见表 4-8。在养殖区，每年要挖出围塘底泥 3～10cm，实验中，单养组产淤泥较混养组多，我们取 5cm 作为混养组每年淤积的底泥量，取 10cm 为单养组每年淤积的底泥量。经测算，底泥的密度为 1.5g/cm³。根据结果分析法公式，就可以得到一个养殖周期内 1ha 面积的围塘养殖对周围环境的氮磷负荷：

混养组：

$P_N = 15000 \times 1.66 \times 10^{-3} + 10000 \times 0.05 \times 1.5 \times 10^3 \times 0.766 \times 0.003 \times 10^{-2} = 42.1$ （kg）

$P_P = 15000 \times 0.0145 \times 10^{-3} \times 5 + 10000 \times 0.05 \times 1.5 \times 10^3 \times 0.766 \times 0.0016 \times 10^{-2} = 10.1$ （kg）

单养组:

$$P_N=15000×1.83×10^{-3}+10000×0.1×1.5×10^3×0.773×0.005×10^{-2}=85.4（kg）$$

$$P_P=15000×0.0143×10^{-3}+10000×0.1×1.5×10^3×0.773×0.0017×10^{-2}=20.6（kg）$$

（3）其他分析方法计算海水围塘氮磷负荷

① 物料平衡法计算氮磷污染负荷。根据"所投喂的营养成分，扣除积蓄在养殖体中的量，剩余的就是环境负荷量"的物料平衡定义，可通过营养物的物质平衡方程来间接推算，其一般的平衡方程为:

营养物负荷=输入饲料中的营养物数量-输出鱼体中的营养物数量

则根据海水围塘养殖的物质平衡方程得到海水围塘（1ha）氮磷的污染负荷（表4-11）。

表4-11　不同实验围塘氮磷负荷　　　　　　　　　单位: kg/ha

项目		T		C	
		N	P	N	P
输入	饲料	63.2	11	215.5	37.5
	幼苗	0.14	0.03	0.09	0.01
	肥料	34	13.4	34	13.4
输出	成品收获	13.1	1.35	31	8.11
排放到环境中的氮磷负荷		84.24	23.08	218.59	42.8

② 竹内俊郎法计算氮磷污染负荷。在投饲料方式比较单一时，用竹内俊郎法较为方便实用。实验中由于混养组的饲料系数比较难以加权确定，因此只用竹内俊郎法计算了单养组的氮磷负荷。

$$T_N=(C×Nf-Nb)×10$$
$$=(1.215×6.83-3.97)×10=43.262（kg/t）$$
$$T_P=(C×Pf-Pb)×10$$
$$=(1.215×1.19-1.04)×10=4.055（kg/t）$$

根据单养池对虾的产量，可以计算出1ha对虾池的氮磷污染负荷。

$$N 负荷量=43.262×2.856=123.56（kg）$$

$$P 负荷量=4.055×2.856=11.58（kg）$$

4.4.3 氮磷污染负荷计算方法和实验条件的比较

（1）氮磷污染负荷 3 种计算方法的比较

由于竹内俊郎法只适用于投饵单一的养殖方式，要计算出多种投饵养殖下的饵料系数 C 技术难度较大。在单一投饵养殖下，三种计算方法中，磷负荷的估算大小顺序是：物料平衡法＞结果分析法＞竹内俊郎法；氮负荷的估算大小顺序是：物料平衡法＞竹内俊郎法＞结果分析法（见表 4-12）。本实验中主要的投喂方式是多饵料喂养，因此对氮磷污染负荷估算值的精确度比较在结果分析法和物料平衡法之间进行。

表 4-12　3 种方法氮磷负荷估算结果比较

项目	氮负荷/（kg/ha）		磷负荷/（kg/ha）	
结果分析法	42.1	85.4	10.1	20.6
物料平衡法	84.24	218.59	23.08	42.8
竹内俊郎法		123.56		11.58

我们以 2 种计算方法分别估算连云港市 2007 年和 2008 年度的污染负荷，得到两个年度海水养殖的 N、P 总污染负荷（混养面积占 20%，单养面积占 80%计，据连云港市渔业统计年鉴），与环境统计的氮磷排放量数据值作为参照，结果见表 4-13。

表 4-13　2007～2008 年连云港市海水养殖 N、P 污染负荷比较

2007 年	海水养殖面积/ha	总氮/t	总磷/t
结果分析法		3619.1	872.5
物料平衡法	47160	9041.5	1832.4
环境统计		5659.0	566.0
2008 年	海水养殖面积/ha	总氮/t	总磷/t
结果分析法		2993.2	721.6
物料平衡法	39005	7478.0	1515.6
环境统计		4681.2	468.0

由表 4-13 可以看出，用结果分析法计算出的连云港市海水养殖 N、P 污染负荷与环境统计的数据较为接近；而物料平衡法则相差较远。主要原因是物料平衡

法没有考虑到养殖海水换水过程中的 N、P 变化和养殖底泥中的释放或沉积，因此算出的污染负荷偏大。而结果分析法中海水围塘监测的总氮、总磷浓度实际上只包含了氮磷污染物的可溶态和悬浮态两者浓度之和，对围塘底泥中的氮、磷含量计算值可能偏小；另外，在本次计算中，氮磷浓度为采集 3 次鱼塘水样的平均浓度，由于采集围塘水样次数也偏少，不能很好反映全年围塘海水氮磷浓度变化，因此计算出的氮磷污染负荷量偏小的可能性较大。

物料平衡法遵循输入围塘的总氮（总磷）量为投入中各种物质总氮（总磷）量和产品体内氮（磷）含量之和，结果分析法遵循的是产生的污染负荷和原有的污染量之差，从理论上讲均是科学的，但从具体的操作上，用结果分析法计算的氮磷污染负荷量更符合实际。由于竹内俊郎法只适用较单一养殖品种，因此在本研究中，仅具有参考价值。

（2）混养和单养氮磷污染负荷的比较

物料平衡法和结果分析法所计算的氮磷污染负荷中，混养组的氮磷负荷均小于单养组。以结果分析法计，单独养殖产生的 N、P 污染负荷均是混合养殖的 2 倍（N 污染负荷为 202.9%，P 污染负荷为 204%）。说明对虾、缢蛏和梭鱼之间的合理搭配混养可以多层次分级合理利用资源，促进物质的转化，提高海水围塘生态系统的物质转换效率，显示出良好的环境效果。

目前，连云港市海水养殖中，混合养殖面积仅占海水养殖面积的 20% 左右，若海水混合养殖面积扩大，能占到海水养殖面积的 50%，以海水养殖面积 40000ha 计，则一年可以减少 N 污染负荷 819.6t，减少 P 污染负荷 126t，仅从减少环境污染的角度看，提倡海水混合养殖就十分有意义。

4.5　海水围塘养殖生态系统能量流动研究

能量流动和物质循环是生态系统中的重要过程，研究其转化规律对改造系统结构和功能从而提高生产力具有重要意义，生态系统中能量利用率的高低是衡量系统稳定、可持续发展的重要标志之一。缩短食物链、减少能流环节损失、提高能量利用效率是池塘养殖的主要措施和目标。能量转换效率也是池塘生态系统研究中的 1 个核心问题，国内外学者对此做了不少有益的探索，但主要集中在对综合养鱼池的研究上，如雷惠僧（1983）、Li（1987）、吴乃薇等（1992）、谷孝鸿等（1999）、李吉方等（2003）、陈立桥等（1993）等都不同程度的研究了综合养鱼池的能量利用及转换；Balasubramanian（1995）则研究了利用污水中富含的营养物质养鱼的系统能量收支与转化。对虾池能量收支方面，周一兵等（2000）、翟雪梅等（1998）等研究了对虾池生态系统的能流，包杰等（2006）研究了对虾、青蛤和江蓠混养对养殖池塘各环节能量收支及转换效率。

本章从生态系统能量流动角度研究混合养殖围塘各环节的能量收支和转换效率，并与单养围塘相比较，为围塘海水混合养殖提供理论参考。

4.5.1 材料与方法

（1）实验设计、测定、材料及方法等见 4.1。

（2）生态效率计算

为了测算池塘生态系统各环节的生态效益，比较两种不同养殖结构的能量利用率，采用以下公式计算：

光能利用率=围塘输入光合能（初级生产力）（MJ）/太阳辐射能（MJ）；

光合能转换效率=围塘产出（MJ）/围塘输入光合能（MJ）；

生物能转换效率=围塘产出（MJ）/围塘输入生物能（MJ）；

底泥沉积率=围塘底泥沉积能（MJ）/总投入能（MJ）；

总能量转化效率=围塘产出（MJ）/总投入能（MJ）；

用综合性生态经济指标 E_Y 值判断不同养殖结构的优选方案（李吉方等，2003）：

$$E_Y=(E_a+E_b+Y_a+Y_b)/4 \tag{4-12}$$

式中，E_a（围塘当年能量转换率）=围塘当年产出能量（MJ）/围塘当年投入能量（MJ）；E_b（围塘当年产出商品率）=围塘当年商品（渔产品）能量（MJ）/围塘当年产出能量（MJ）；Y_a（围塘当年经济投入产出比）=围塘年生产总值（元）/围塘年投资总额（元）；Y_b（围塘当年成本利润率）= 围塘净产值（元）/围塘年投资总额（元）。

（3）初级生产力计算

由黑白瓶测定池塘水体的值，按氧生热系数=14.14kJ/mg O_2 来计算净初级生产力（周一兵等，2000）。

（4）围塘投入物质能量折算

根据相关文献，围塘投入物质能量折算见表 4-14。

表 4-14　围塘投入物质折算系数

指标	蛏苗	鱼苗	虾苗	缢蛏	梭鱼	对虾	配合饵料	鸡粪肥	电力/（MJ/ha）	劳动力/（MJ/ha）
干物质/%	16.4	26.8	16.9	18.6	32.1	27.3	91.2	86.3		
能量（干重）/（MJ/kg）	18.08	21.79	17.93	24.23	22.71	19.27	19.51	1.05	6900	4900

4.5.2　研究结果

（1）混养组和单养组的能量收支

实验期间混养组和单养组能量的投入和产出情况见表 4-15。

表 4-15　不同实验围塘能量收支情况

项目		混养 T		单养 C	
		重量/kg	能量/MJ	重量/kg	能量/MJ
投入	虾苗	2.8	8.48	7.5	22.73
	鱼苗	22.5	131.39		
	蛏苗	139	2.97		
	饵料	1013	18024.43	3460	61564.20
	肥料	1000	906.15	1000	906.15
	光合能		64520.00		75280.00
	生产能		16800.00		11800.00
	合计		100393.42		149573.07
产出	虾	938	4934.55	2856	15024.59
	梭鱼	185	1348.63		
	缢蛏	6218	28023.16		
	沉积		65850		131700
	合计		100156.34		146724.59

（2）能量流动

实验期为 200 天，据连云港气象台资料，实验期间围塘所接受的阳光总辐射量为 2993.3MJ/m²。在生态系统中，太阳能被水体吸收利用，生态系统中的能量即发生转化迁移。能量流动是通过系统中食物链、食物网转移的，在流动的环节上，能量有相当大的损耗。图 4-13 和图 4-14 为试验围塘能量的转化示意图，由于试验技术及研究深度的关系，系统中能量流动环节没做定量测定。

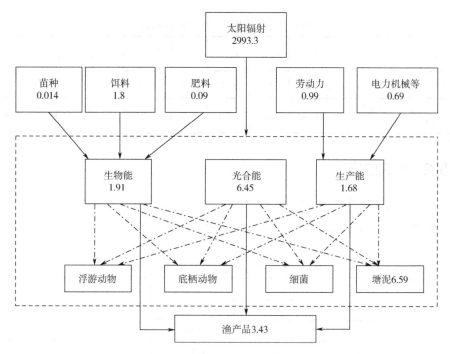

图 4-13　混养池塘能量流动框图（MJ/m²）

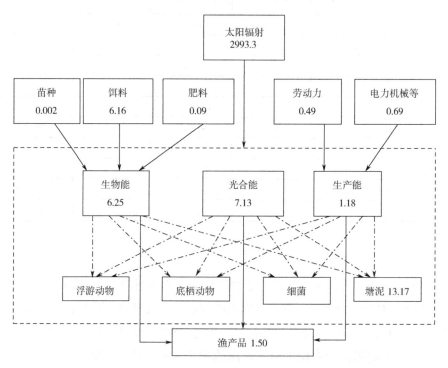

图 4-14　单养池塘能量流动框图（MJ/m²）

（3）能量转换效率

混养和单养围塘能量转换效率见表 4-16。

表 4-16　不同试验围塘能量转换效率

项目	光能利用率	光合能转换效率	生物能转换效率	底泥沉积率	总能量转化系数
混养 T/%	0.22	53.17	179.86	65.59	34.17
单养 C/%	0.24	21.08	24.04	90.47	10.32

（4）综合生态经济指标

不同养殖结构试验围塘各项生态经济指标如下：

$E_{a\text{混}}$=0.342　　　　　　　　　　　　　$E_{a\text{单}}$=0.103

$E_{b\text{混}}$=1　　　　　　　　　　　　　　　$E_{b\text{单}}$=1

$Y_{a\text{混}}$=130945/85786=1.53　　　　　　　$Y_{a\text{单}}$=101480/78460=1.29

$Y_{b\text{混}}$=55990/112800=0.53　　　　　　　$Y_{b\text{单}}$=23020/78460=0.29

则：

$E_{Y\text{混}}$=（E_a+E_b+Y_a+Y_b）/4=（0.342+1+1.53+0.53）/4=0.851

$E_{Y\text{单}}$=（E_a+E_b+Y_a+Y_b）/4=（0.103+1+1.29+0.29）/4=0.671

从综合生态经济指标来看，$E_{Y\text{混}}$＞$E_{Y\text{单}}$，说明混合养殖的效益相对优于单养池。但二者综合生态经济指标 E_Y 均小于 1，因此混养组和单养组都有提高经济和生态效益的潜力。

4.5.3　能量流动的参数分析

（1）光能利用率

太阳辐射能是海水围塘生态系统的主要能源之一，太阳辐射能到渔产量的能量转化效率，是评价水域生物生产能力的重要指标之一。本研究中对虾单养组的光能利用率为 0.24%，混养组的光能利用率为 0.22%，与对虾单养组相比，光能利用率下降了 0.2 个百分点。主要原因可能是：

①单养虾池前期施加了无机肥，后期大量投饵，营养盐比较丰富，导致浮游植物的大量繁殖；②单养虾池中，对虾为肉食性杂食动物，其食物为浮游动物和投喂饲料，从而使浮游植物因采食量减少引起其大量繁殖，而浮游植物生物量和叶绿素 a 含量与毛产量之间存在显著正相关，一般情况下，毛产量大生产量也高；③养殖

期间的水温较高，单养虾池由淡水汇入，产生某种边缘效应（闫喜武等，1998）。

（2）光合能转化效率

在混合养殖中，光合能的转化效率高达53.17%，而单养组只有21.08%。单养虾池中，初级生产力主要是被间接利用，且在养殖的中后期，由于大量的残饵和排泄物，使虾池中常含有大量的颗粒和溶解有机物，虾池中的大部分初级生产力不能被对虾有效利用而被浪费掉（丁天喜，1996）。而在混养池中，由于放养了滤食性的贝类，其一般以浮游植物和有机碎屑等为食，因而有效滤食了水体中浮游植物和颗粒有机物，提高了光合能转化效率。

（3）总能量转化效率

从总能量转化效率来看，单养组总能量转化率为10.32%，混养组总能量转化率为34.17%，比对照组提高了23.7个百分点。主要原因有以下几点：

① 围塘底泥中有机质也是巨大的能量库，据测定1kg淤泥其能量为0.878MJ（康春晓，1990），根据底泥数据测算出每年沉积在底泥中的能量，混养池达到65.6%，单养池达90.5%。单养池中大部分能量沉积在底泥中。

② 围塘中的沉积有机质能有多少转化为生产量，主要取决于天然饵料底栖动物的多寡。一方面，沉积有机质只有通过底栖饵料动物的生产才能提高生产量；另一方面，底栖动物可促进累积于底质间隙水中的营养盐向上覆水扩散。尽量发展围塘中善于利用沉积有机质的饵料动物，在食物链上既可以消耗过多的外来有机质，又可以提高天然饵料对养殖产量的比例，从而可进一步获得更高的养殖总产量。这样的良性循环可使池塘的能量转化效率大大提高。

③ 实践证明，对虾、缢蛏和梭鱼之间的合理搭配混养可以多层次分级合理利用资源，促进物质和能量的转化，提高海水围塘生态系统的物质及能量转换效率，显示出良好的经济效益和环境效果，这种方式是符合生态学原理的。围塘外来有机质所提供的能量在生产量形成过程中占有重要作用，混养池和单养池中输入围塘人工饵料的能量分别约为初级生产量的21.84%、45%。单养池中对虾利用人工饵料主要通过两条途径：一是直接摄食；二是经一些底栖动物如沙蚕等食用再转化为对虾产量。混合养殖中的对虾利用人工饵料情况与单养相似，但其不是主要产品。梭鱼系偏植性的杂食性鱼类，且比游动慢的虾活动范围要大，在人工养殖条件下，能摄食配合饲料和池塘中的浮游生物、底栖动植物和有机碎屑，利用梭鱼摄食剩余饲料，不仅起到了清理池底的作用，还提高了饲料的利用效率（包永胜等，2006）。缢蛏利用人工饵料的量很少，主要滤食水中的浮游植物及有机碎

屑，据测定，3cm 的缢蛏滤水率为 4.5L/h·ind 左右。以本研究中缢蛏的放养密度（3ind/m²）为例，其每小时可过滤水 13.5L，74h 内即可将围隔内池水过滤 1 次。另外，滤食性贝类的滤食活动还可以促进水层中营养物质的再生和循环，特别是 N、P 的含量，从而促进浮游植物的再生长（阮荣景等，1993）。因此，缢蛏和梭鱼组合可以大大提高虾池的物质和能量利用率。

（4）综合生态指标评价

从围塘养殖综合生态指标看，混合养殖优于单品种养殖，主要原因有两个：一是在生态系统中，能量利用效率在综合生态指标中起着主要作用，本研究中，混养养殖能量利用率比单品种养殖组提高了 23.7 个百分点；二是投入产出比和利润率提高，由于混合养殖组采用的是有机养殖方式，其产品按有机食品价格出售，其利润率比单养的传统商品高 82.7%。但是混合养殖的综合生态指标值还没有达到 1 的标准值，说明混合养殖的品种搭配、各品种养殖的数量比例还不是最合适的，其能量利用效率有待提高，另外，在养殖成本和有机食品的开发上也需要完善。

4.6　结论与展望

海水围塘养殖对水环境的影响是近年来发展起来的新研究领域，系统的研究还不多。本研究区域为我国重要的水产养殖基地，因此本文的研究是具有明显区域特色的前沿性研究课题。

本文建立了围塘海水养殖 N、P 物质平衡的概念模型，通过平衡模型，比较了混合养殖与单养中氮磷的输入输出比例和方向，这方面的研究工作目前在国内也是一个创新的尝试。

修订了氮磷污染负荷的计算方法，提出了"结果分析法"，并与其他方法进行了比较和验证，结果证明该方法不仅在实验手段和计算上更具操作性，而且计算精度也有所提高；据此方法较科学地给出了该地区围塘海水养殖的氮磷污染负荷。

通过对围塘养殖能量流动的分析，得出混合养殖的总能量转化率比单养组提高了 23.7 个百分点，围塘底泥的沉积率降低了 25 个百分点，从理论上证明了混合养殖生态系统的生态效益和环境效应；同时设计了投入产出比、利润率和商品率，加上能量转化率，组成综合生态经济指标，从结果看，混养组也优于单养组。能流分析的结果和综合生态经济指标的结果相互印证，说明能流分析是正确的，综合生态经济指标设计是科学的。

4.6.1 海水围塘养殖生态系统中的主要氮磷变化

① 按照水体中无机氮之间相互转化（$NH_3 \Longrightarrow NH_4OH \Longrightarrow NO_2^- \Longrightarrow NO_3^-$）的热力学趋势，达到平衡时氮基本以 NO_3^- 的形式存在，如果三氮之间转化完全，NO_3^--N 应该与 NH_4^+-N 和 NO_2^--N 之间相关，混养和单养区，三氮之间的转化是完全的，且硝酸盐氮含量始终较高。在混合养殖区，总氮和硝酸盐氮之间都存在显著相关。

② 混养组总磷和总氮、磷酸盐、COD 均正相关，但与三氮之间无相关；而单养区总磷也与总氮、COD 显著正相关，而磷酸盐和三氮无相关。围塘海水中的三氮总和与活性磷酸盐的比值大于 16（混养为 19.6、单养为 25.2），说明围塘海水生态系统浮游植物以硅藻为主。

4.6.2 海水围塘养殖生态系统中的氮磷循环

本研究给出了海水围塘养殖氮磷平衡的概念模型：

N 的概念模型：

混养组：饵料（54.4%）+幼苗（0.1%）+肥料（29.3%）+换水输入（16.2%）=产品收获（11.3%）+换水输出（35.9%）+底泥沉积（14.8%）+渗漏（35.1%）+其他（2.8%）

单养组：饵料（79.6%）+幼苗（0.04%）+肥料（13.1%）+换水输入（7.3%）=产品收获（12%）+换水输出（17.9%）+底泥沉积（22.4%）+渗漏（23.5%）+其他（24.2%）

P 的概念模型：

混养组：饵料（39.9%）+幼苗（0.1%）+肥料（52.9%）+换水输入（7.1%）=产品收获（5.3%）+换水输出（14.5%）+底泥沉积（36.3%）+渗漏（14.6%）+其他（29.3%）

单养组：饵料（69.3%）+幼苗（0.02%）+肥料（27.1%）+换水输入（3.6%）=产品收获（16.4%）+换水输出（7.4%）+底泥沉积（39.8%）+渗漏（6.5%）+其他（30%）

总体来说，影响水环境中 N、P 物质输入贡献比较大的项是投饵、肥料和进水，影响水环境中 N、P 物质输出贡献比较大的项是养殖体收获、底泥沉积和排水。

4.6.3　海水围塘养殖生态系统中的氮磷负荷

本研究提出了新的计算 N、P 污染负荷的方法——"结果分析法"，通过比较分析，认为结果分析法的操作性更强，计算结果更符合实际情况。1ha 围塘海水养殖面积 1 个养殖周期的污染负荷分别为：混养组氮 42.1kg，磷 10.01kg；单养组氮 85.4kg，磷 20.6kg，混养组的氮磷负荷均小于单养组。说明对虾、缢蛏和梭鱼之间的合理搭配混养可以多层次分级合理利用资源，促进物质的转化，提高海水围塘生态系统的物质转换效率，显示出良好的环境效益。

4.6.4　海水围塘养殖生态系统中的能量流动

混养组的光能利用率为 0.22%，较对虾单养组光能利用率下降了 0.2 个百分点；从总能利用率来看，混养组总能利用率比单养组提高了 23.7 个百分点，主要原因是混养养殖提高了生物能转换效率，降低了围塘底泥的沉积率。对虾、缢蛏和梭鱼之间的合理搭配混养可以多层次分级合理利用资源，促进物质和能量的转化，提高海水围塘生态系统的物质及能量转换效率，显示出良好的经济效益和环境效果。

从综合生态经济指标来看，混养组也优于单养组，但二者综合生态经济指标 E_Y 均小于 1，表明混养组和单养组都有提高经济效益和生态效益的潜力。

第

5

章

有机水产养殖的经济、社会与环境
效益分析

　　评价有机农业技术是否科学、可行的标准有两个：一是在生产实践中通过有机食品认证机构的检查并获得认证；二是运用该技术能够产生明显的经济、社会和环境效益。

　　有机农业最初的目的之一就是为了解决现代常规农业带来的环境问题。从有机农业对水环境、土壤环境、生物多样性和大气环境以及人类健康的影响角度研究发现，有机农业有利于保护水质，增进生物多样性，减少温室气体的排放量，有利于土壤健康和人类健康（谢标等，2002）。这方面的研究成果较多，如 Seufert 等（2017）利用灰度梯度的方法将有机农业与常规农业进行对比，发现有机农业能提高物种丰度、生物多度、土壤有机质，降低氮损失和氧化亚氮排放；Bonanomi 等（2016）认为有机农业可以改变土壤的微生物群落组成，进而影响农业生态系统的功能；Aparna 等（2014）研究也发现土壤中的放线菌、细菌和真菌在有机农业系统下都有大幅提高。罗燕等（2011）发现有机大豆种植的环境影响综合指数都小于常规大豆，对环境产生的负面影响较小；何雪清（2016）认为有机水稻在不可再生能源消耗、水资源消耗、环境酸化、富营养化、人体毒性、水体毒性方面均小于常规水稻；He 等（2016）认为番茄有机生产的全球变暖潜力比常规农业低 20.57%。有机农业能够促进农民采用生态农业措施，使用更加环保的方法解决农业生产中的问题，进而保护和改善生态环境（乔玉辉等，2016）。

通常有机生产会造成产量下降，相比常规农业，通常作物减产在 10%～30%（Seufert et al，2012）。但是有机生产增加了物质的内部循环，减少了外来物质的投入，因而相比常规农场具有一定的经济效益。Meng 等（2017）根据我国 2014 年有机种植的数据推算出当年有机生产的经济效益，其中减少农药和化肥使用的量折合成人民币分别为 8.98 亿元和 22.09 亿元，固碳减排、增加微生物多样性、减少氮淋洗损失和降低能源消耗折合成人民币分别为 3.94 亿元、2.87 亿元、26.76 亿元和 3.56 亿元，有机生产所产生的环境效益为 5889 元/公顷。从农户经济效益来看，有机农业的经济效益也显著高于常规农业。乔玉辉等（2016）的调查发现，有机水稻种植中单位面积土地净利润是常规农户的 2 倍以上，由此可见有机农业能够明显提高大规模有机农户的家庭收入，带来显著的经济效益。

相比于常规农业，有机农业减少了化学农药和肥料的使用，相应地就需要投入更多的劳动力，因而有机农业可以促进就业。Offermann 等（2000）的研究发现，有机农场中的劳动力比常规农业多 20%；同时有机农业因不允许使用化学农药也为劳动者创造了一个相对健康的工作环境（Shreck，2006）。另外，有机农业还能够稳定农村人口，改善农村人口的生活，促进农村的发展。调查发现，随着有机种植时间的延长，全职农业劳动力更是增加了 2 倍以上（乔玉辉等，2016）。

有机产业作为以认证手段为媒介的生态健康产业，通过提升产品附加值，引导农民管理体系建设，已迅速成为增强贫困地区和贫困人口自我发展能力的关键，同时也是缩小城乡差距、地区差距和贫富差距的根本途径（刘文静，2016；孙国琴，2007；张新民，2010）。有机农业产业化可以将分散的农户集中，为农户集中提供优良的有机种源、有机肥，进行技术指导与培训，形成规模化、集约化有机农业生产，提高资源报酬率。利用分工协作原理可以提高有机农业产业各个环节的劳动生产率。在有机农业产业化过程中，通过有机农业公司、有机农业专业合作社、有机农场等组织将有机农业中小生产者与有机农产品的高端需求市场相连接，增强有机农业生产者抵御自然灾害和市场风险的能力，同时也提高他们的竞争力，使有机农业产业化获得外部规模效应（黄惠英，2013），实现有机农业的社会效益。

关于有机农业和常规农业比较研究的文献报道很多（甄华杨等，2017）。但是关于有机水产养殖，特别是河蟹有机养殖和常规养殖的比较研究国内外还鲜见文献报道。是否有机水产养殖如有机农业的相关研究成果一样，也有一定的环境、经济和社会效益？

本章就已开展的扣蟹有机养殖培育技术和常规养殖两种不同养殖方式进行相关研究的同时，探讨了河蟹从常规养殖向有机养殖方式转变后经济、社会和环境效益的变化。

本研究在实施过程中，即向生态环境部有机食品认证中心（OFDC）申请了有机食品基地认证，OFDC 先后三次派检查员对基地在有机扣蟹喂养中的生产和管理进行了全过程的严格检查和指导。最终获得 OFDC 的认可，试验基地于 2004 年 12 月获得 OFDC 颁发的有机农场证书，基地培育的扣蟹获准使用"有机食品"商标。

5.1 有机河蟹养殖的关键技术

有机河蟹养殖的技术路线见图 3-2。有机养殖技术的关键环节是有机饵料问题、有机中药添加剂与扣蟹的非特异性免疫问题和养殖水环境的控制问题。

（1）有机饵料问题

由于河蟹养殖中，还没有已经获得认证的有机河蟹饵料，我们根据有机水产养殖的认证标准，进行了有机饵料的研制。从研制的有机饵料与常规饵料的对比试验中发现，有机饵料在促进河蟹生长、控制河蟹的性早熟及提高河蟹的品质等方面均要优于常规饵料，并且在控制养殖用水环境污染方面也要优于常规饵料。但是这种优势差异不显著，如在扣蟹的生长方面，有机饵料养殖组增长率是 156.0%、650.0%，常规饵料养殖组增长率分别是 235.3%、613.2%；在扣蟹体内氨基酸和粗蛋白含量方面，有机饵料组是 41.08% 和 47.31%，常规饵料组是 40.64% 和 46.55%；在提高扣蟹非特异性免疫力方面，有机饵料和常规饵料的比较，差异也不明显；在控制养殖水环境污染方面，有机饵料组与常规饵料组的差异不大。由于研制的有机饵料得到 OFDC 的认可，用有机饵料培育的扣蟹可以获得有机认证，但试验效果并不理想，还没有体现出有机养殖的优越性，于是课题组在有机饵料配方的基础上，开发了有机中药添加剂，之所以在中药添加剂前面加上"有机"，主要是开发的中药添加剂符合有机认证标准，获得有机认证机构的认可。

（2）有机中药添加剂与扣蟹的非特异性免疫

有机中药添加剂是有机培育的最关键环节，也是本研究的创新点。研究试验表明，在有机饵料配方中添加适当比例的有机中药添加剂，扣蟹非特异性免疫力的 5 项指标均有明显提高，表明其非特异性免疫力比常规养殖中的扣蟹要高，因而抗病力也强。试验研究中，常规养殖组也没有出现扣蟹疾病发生，主要原因是常规养殖组的管理措施和技术规范均按有机食品认证管理标准操作，这在一定程度上降低了扣蟹的发病风险。

但在进行扣蟹非特异性免疫力的研究中同时发现，有机饵料中添加适当比例中药添加剂喂养的扣蟹，不论在生长速度方面、体内的氨基酸和粗蛋白含量方面，还是在控制养殖水环境污染方面，均有明显效果。

（3）养殖水环境的污染控制

良好的水质条件可以培育品质优良的水产品，遵循生态规律的养殖模式可以保持和控制水环境的污染。因此，养殖产品的喂养密度、饵料的种类及投喂方式以及严格的管理方式是控制养殖水环境污染的关键环节。

由于大多数水产养殖废物来自饲料，要降低由此而产生的废物，应注意饲料营养成分和投喂方式。易消化碳水化合物的加入会提高蛋白质利用率。通过选择饲料中所含的能量值与蛋白质含量的最佳比，可以减少饲料中 N 的排泄，其结果是使单位生物量所排泄的能量减少。此外，采用科学的投喂标准可减少残饵量。根据养殖对象，在生产过程中按水温、溶氧、季节变化、扣蟹生长情况随时调整投喂率和投喂量以及投饵次数和时间。另外，对饵料过筛可防止碎饵料在水中流失造成污染。

在有机培育试验中，通过培育添加有机中药添加剂的有机饵料，根据扣蟹的生长发育规律进行投喂，并制定了扣蟹有机养殖技术细则（见附录），严格管理，有效控制了养殖水环境的污染。

5.2　有机培育的经济、社会和环境效益

（1）经济和社会效益

有机养殖方式必须要先取得经济和社会效益才能生存和发展下去，在此前提下，提倡环境效益才能取得广大养殖户的认可。本次试验中由于仅有 2 个常规养

殖池［共 1.2 亩（1 亩=666.67m^2）］，为了便于比较分析，选取了 4、6 两个有机养殖池（共 1.2 亩）与常规养殖进行经济效益分析（见表 5-1）。

由表 5-1 可看出，有机养殖组的产量高于常规养殖组，有机养殖组扣蟹存活率为 9.72%，常规养殖组为 9.26%。去除生产成本，有机养殖组的净收入为 1373 元，投入产出比 1：1.15；常规养殖组净收入 496 元，投入产出比 1：1.09。在总成本中，由于将有机认证的费用摊入了成本，因而有机养殖组的其他费用要高于常规养殖组，到第二年养殖中，这笔费用可减少，其经济效益还会提高。但有机养殖的总成本还是远高于常规养殖，有机养殖组的人工费是常规养殖组的一倍。说明通过有机养殖方式，可以带动其他相关产业的发展，在农业增效、农民增收、扩大就业等方面发挥重要作用，明显提高了经济效益和社会效益。

表 5-1 扣蟹有机和常规养殖方式经济效益分析（以1、2 和 4、6 号池为对比） 单位：元

项目	有机养殖	常规养殖
蟹苗费	1920	1920
饵料费	1107	984
人工费	3000	1500
池塘承包费	480	480
粪肥、水草	220	220
其他	2400	400
总成本	9127	5504
总产量	21000 只	20000 只
存活率	9.72%	9.26%
销售收入	10500	6000
净收入	1373	496
投入/产出	1/1.15	1/1.09

两种养殖模式下，扣蟹体内重金属和药物残留含量均在安全范围内，但在有机养殖的扣蟹体内含量更低，而常规养殖的扣蟹体内则检出了六六六药残（见表 3-12），由于在养殖过程中没有使用药物，说明常规养殖饲喂的饵料可能是造成扣蟹体内出现药残检出的原因。食品的品质和卫生安全是广大消费者在购买产品时首先要考虑的问题，这也是消费者愿意购买有机食品的主要动机。如果说河蟹体内的营养成分反映河蟹品质，体现河蟹的经济价值，那么其体内

重金属和药物残留则反映河蟹的食用安全，更多体现的是社会价值，具有重要的社会意义。

（2）环境效益

根据养殖过程中的养殖用水换水量和水质指标的监测数据，以 1 号池和 6 号池估算两种养殖方式的污染物排放情况，见表 5-2。

由表中可以看出，有机养殖组的 COD、无机氮、无机磷和硫化物排放量分别是 13.8kg、0.34kg、0.26kg 和 0.029kg；而常规养殖组的 COD、无机氮、无机磷和硫化物排放量分别为 15.0kg、0.48kg、0.29kg 和 0.052kg。很明显，有机养殖过程中 COD、无机氮、无机磷和硫化物排放量均低于常规养殖，体现了良好的环境效益。

表 5-2　常规养殖与有机养殖体系 COD、无机氮、无机磷和硫化物排放量估算　单位：mg/L

项目	有机养殖组				常规养殖组			
	COD	无机氮	无机磷	硫化物	COD	无机氮	无机磷	硫化物
6 月	3.5	0.235	0.11	0.002	3.8	0.235	0.11	0.002
7 月	6.7	0.222	0.19	0.015	9.1	0.455	0.23	0.047
8 月	9.6	0.142	0.14	0.011	8.0	0.152	0.13	0.017
9 月	7.8	0.08	0.07	0.028	9.1	0.110	0.08	0.039
合计	27.6	0.679	0.51	0.057	30	0.952	0.55	0.105
总排水量/m³	500				500			
污染物排放量/kg	13.8	0.34	0.26	0.029	15.0	0.48	0.29	0.052

5.3　结论与展望

有机养殖的管理方式比常规养殖更有利于降低疾病暴发的可能性，很多研究者都发现，有机养殖畜禽的疾病暴发率远低于常规养殖的畜禽（Vaarst et al.，1994；Ebbesvik et al.，1994）。扣蟹养殖池塘环境的严格管理是防止扣蟹疾病暴发最重要的因素之一。常规养殖系统依赖更多的外部投入物质，依靠化学合成物质以及抗生素等来预防疾病，往往会导致疾病的爆发，有机养殖标准的执行则禁止这种养殖方式。

研究结果表明，与常规养殖模式相比，扣蟹养殖的有机管理和有机饵料的使用可能是降低疾病危险性的主要原因。有机水产养殖的基本规定（包括对养殖条件的规定）都有利于对疾病的预防。Troell 等（1999）认为，通过设置缓冲区可以阻止疾病的传播扩散。在有机养殖水体的周围设置缓冲区，采取充分的措施防止养殖物种的逃逸和外来物种的进入以及不同养殖水体之间的交流，从而防止疾病的扩散和进入。在本研究的有机养殖过程中，投入物仅为天然的生物饵料（天然杂鱼）和经过认证的有机大豆、有机小麦，并添加有机中药添加剂，没有使用任何化学合成物质，建立了严格的养殖系统内外的环境监测网络。目前为止，还没有系统的证据来证明，有机水产养殖系统中使用有机饵料可产生良好的系统效应。但与常规饵料相比，有机饵料在受农药及其他化学合成物质的污染风险方面比常规饵料小。就农药残留而言，已有研究表明，有机作物中的农药残留风险明显低于常规作物（Schupbach，1986）。

本试验研究中，通过产品品质评估有机和常规养殖模式的经济效益和社会效益。与常规养殖系统相比，有机养殖系统内良好的水环境条件和有机饵料质量可能是其取得较高经济效益的主要因素，但有机养殖系统的生产成本相对较高，包括人工、投入物、管理设施、能源等。而扣蟹的销售收入可能依据不同的因素，如扣蟹的大小、外观、价格、产量以及质量等，品质好的扣蟹是保证培育优质成品蟹的基础。在消费者的心目中，有机食品肯定比常规食品质量好并对人体更健康，这也是消费者愿意出高价购买有机食品的主要动机。因此，产品质量问题已经成为开展常规和有机食品比较研究的主要议题。但是，由于动物食品生产涉及的因素多（如养殖条件、饵料、养殖密度等），给出有机食品和常规食品之间具体差异性还是比较困难的（Sundrum，2000）。本研究恰恰在这方面先做了尝试，还有许多方面需要进行进一步的研究。

有机混养技术是有机水产养殖的重要发展方向之一。根据水生动物主动摄食的范围，大型底栖动物的摄食行为可分为三类：一是广泛移动、自由捕食的动物，如对虾、蟹等；二是身体前部或整个身体伸出洞穴，或是身体的某个部位（如某些有较长水管的埋栖型贝类）伸出，在较大范围内吞食或滤食沉积物的动物，如日本刺沙蚕和紫彩血蛤等；三是只有当悬浮颗粒在其口附近时才能短时间摄食的动物，如缢蛏等水管较短的埋栖型贝类。缢蛏属第三类底栖动物，单个个体的摄食空间狭小，主动取食的能力差，因此其清除对虾池底质有机物的能力受到限制；但其掘洞深达体长的 5～6 倍，被捕食的概率低于第一类摄食者，在其分布密度较大时，群体清除底质中有机物的能力反而较强，因而能使水中溶氧量和初级生产力升高（李德尚，1993）。谢标（2003）在研究有机对虾混养实验中发现，有机混养的中国对虾生物量均显著高于有机单养殖的中国对虾生物量，而与缢蛏混养的中国对虾生物量高于与蛤类混养的中国对虾生物量；与缢蛏混养的中国对虾平均成活率高于单养殖中国对虾。混养的中国对虾粗蛋白含量高于单养殖的中国对虾，但各种氨基酸含量无明显差异。上述现象产生原因可能是：在单养条件下，由于投放饵料有剩余，而剩余饵料不断累积并腐烂，加上对虾自身的排泄物，使池底因有机物腐败分解引起耗氧甚至处于嫌气状态，生产还原性物质（如硫化物等），所有这些都将影响对虾的生长和发育。而对虾与缢蛏或蛤类等贝类混养，可利用对虾的排泄物、残饵等繁衍底栖生物（如硅藻等），为贝类提供丰富的天然饵料。而贝类安居池塘底部滤食，能净化水质，改善生态环境，有利于对虾的生长。

混养技术增加了养殖池塘中的物种多样性，增加了物质的利用层次，会对水体的理化及生物环境产生影响。目前混养技术在实际应用中大多以鱼、虾、贝为主，混养模式对河蟹养殖体系环境的影响报道不多见；而采用有机水产养殖原理开展河蟹的混合养殖并对不同的混合养殖模式进行系统比较研究在国内外目前还鲜见报道，是今后的研究方向。

I 有机河蟹培育技术细则

为了推动我国水产养殖业的健康、可持续发展，加强农业标准化建设，加速农业与国际接轨，促进农产品出口创汇，保证扣蟹培育的品质，促进农业增效、农民增收，改善农村生态环境，确保有机扣蟹快速、健康发展，向社会提供源于自然、富营养、高质量的环保型商品蟹，满足国内外市场的需求。本项目在进行了有机饵料、水质净化、环境监控等一系列试验研究、总结扣蟹有机生产经验的基础上，收集了大量的河蟹优质高产养殖技术及有关绿色水产品生产标准，制定了《有机扣蟹培育技术细则》。

本细则依据国家标准《有机产品 水产、加工、标识与管理体系要求》（GB/T 19630—2019）和江苏省地方标准《有机蟹》（DB 32/T 609.1—2003～DB32/T 609.3—2003），参考了联合国关于有机食品生产、加工、标识和贸易的指南（CAC/GL 32—1999）、国际有机农业运动联盟（IFOAM）有机生产和加工的基本标准。具体指标是依据有机扣蟹培育试验科研成果的具体技术参数以及农业部水产品质量监督检验测试中心的检验检测指标而确定，各项目检验方法采用相应的国家标准。

本细则可以指导有机河蟹生产，为有机河蟹规范化管理提供依据，确保优质、卫生的有机蟹产品满足市场需求，保护消费者权益；促进有机蟹的国际贸易，增加有机蟹产品出口创汇能力，提高养殖者的积极性，增加养殖收入；还有利于推行生态养殖，保护养殖水体健康，改善生态环境。通过本规范的实施，会促进有机蟹产业及全国有机食品产业化的迅猛发展，产生很好的社会、经济和生态效益。

1 范围

1.1 此技术细则规定了有机河蟹的生产（封闭式）、运输、标识和贸易等的要求。

1.2 此技术细则适用于执行或计划执行有机河蟹生产、贸易的个人或企业。

2 引用文件

下列可能涉及文件中的条款通过技术的引用而成为本规范的条款。所有引用标准的最新版本或替代版本均适用于本技术细则。

2.1 GB 3838—2002《地表水环境质量标准》

2.2 GB 5749—2006《生活饮用水卫生标准》

2.3 GB 11607—1989《渔业水质标准》

2.4 GB 8978—1996《污水综合排放标准》

2.5 GB 15618—2018《土壤环境质量标准》

2.6 GB 3095—2012《环境空气质量标准》

2.7 DB32/T 609.1—2003《有机蟹产地环境要求》

2.8 DB32/T 609.2—2003《有机蟹养殖技术规范》

2.9 DB32/T 609.3—2003《有机蟹卫生要求》

3 本规范中的术语定义

3.1 有机水产养殖（organic aquaculture）

有机水产养殖是指建立一种水产品生产系统，该系统保护和促进它所依附自然环境的形态和功能，致力于从依靠外部能量和物质的投入向光合作用、废物重新利用以及尽可能利用本系统中的可再生资源转变，而不对自然生态系统造成破坏。通过采用系统生态学的方法，使用当地的资源和循环使用的废物来平衡其投入和产出，禁止使用合成化学肥料、杀虫剂、药物和基因工程生物体及其产品，通过使用有机投入物（如堆肥和有机饲料）来循环使用营养物质，采用系统的方法来建立生态上可持续的生产基础。

3.2 有机食品（organic food）

有机食品指来自于有机农业生产体系，根据有机农业生产的规范生产加工、并经独立的认证机构认证的农产品及其加工产品等。

3.3 有机水产品（organic product）

有机水产品指按照本技术细则的要求生产并获得认证的有机水产品（有机河蟹）。

3.4 常规水产品（conventional product）

不符合本技术细则或未获有机认证或有机转换认证的一切水产品。

3.5 转换期（conversion period）

从开始有机管理至获得有机认证之间的时间为转换期。

3.6 平行生产（parallel production）

有机生产者、加工者或贸易者同时从事相同品种其他方式的生产、加工或贸易。其他方式包括：非有机、有机转换。

3.7 缓冲带（buffer zone）

缓冲带指有机生产体系与非有机生产体系之间界限明确的过渡地带，用来防止受到邻近地区传来的禁用物质的污染。

3.8 基因工程（genetic engineering）

基因工程指分子生物学的一系列技术（如重组 DNA、细胞融合）。通过基因工程，植物、动物、微生物、细胞和其他生物单位可发生按特定方式或获得特定结果的改变，且该方式或结果无法来自自然繁殖或自然重组。

3.9 标识（labelling）

标识指出现在产品的标签上、附在产品上或显示在产品附近的书面、印刷或图解形式的表示。

3.10 允许使用（allowed for use）

允许使用是指可以在有机生产过程中使用某物质或方法。

3.11 限制使用（restricted for use）

限制使用是指在无法获得任何允许使用物质的情况下，可以在有机生产过程中有条件地使用某物质或方法。

3.12 禁止使用（prohibited for use）

禁止使用是指禁止在有机生产过程中使用某物质或方法。

3.13 大眼幼体（megalopa）

大眼幼体又称蟹苗，是由五期溞状幼体蜕皮变态而成，对淡水敏感，有趋淡水性，七日龄大眼幼体规格为（16~18）×10^{4}只/kg。

3.14 豆蟹（juvenile crab）

大眼幼体经过一次蜕皮形成的幼蟹称为一期幼蟹；经三次蜕皮形成的幼蟹称为三期幼蟹，经过五次蜕皮即成为五期幼蟹，营底栖生活，规格为（6000~8000）只/kg。

3.15 扣蟹（larval crab）

豆蟹经过120~150d饲养培育成100~200只/kg左右性腺未成熟的幼蟹。

4 有机扣蟹养殖

4.1 一般要求

4.1.1 养殖场

4.1.1.1 转换期

封闭型的池塘扣蟹养殖从常规养殖过渡到有机养殖至少需要6个月的转换期。

4.1.1.2 平行生产

一个农场同时以有机方式及非有机方式（包括常规和转换）养殖扣蟹，则必须满足以下条件：

① 农场经营者拥有多个分场，在不同分场间存在平行生产的情况，则各分场必须使用各自独立的生产、贮存设施和运输系统。

② 制订和实施平行生产、收获、贮藏和运输的计划，具有独立和完整的记录体系，可确保能够明确区分有机产品与常规产品。

4.1.1.3 缓冲带

养殖场的有机养殖池有可能受到邻近的常规养殖池污染影响，则在有机和常规养殖池之间必须设置缓冲带或物理障碍物，保证有机养殖池不受污染。

4.1.1.4 养殖场历史

必须保留最近4年养殖池的使用状况、有关的养殖方法、使用物质、扣蟹收获及采后处理、扣蟹产量以及目前的生产措施等整套资料。

4.1.1.5 生产和管理计划

① 制定有效的扣蟹病害防治计划，包括采用生物、生态和物理防治措施。

② 在生产中应采取有效措施，避免农事活动对养殖池或扣蟹的污染及生态破坏。

③ 制定有效的养殖场生态保护计划，包括种植树木、控制水土流失、保护生物多样性等。

4.1.1.6 内部质量控制

养殖场必须保持完整的生产管理和销售记录，包括购买或使用养殖场内外所有物质的来源、数量和相关证明材料，扣蟹养殖管理、捕获、加工和销售的全过程记录。包括所有饲料、添加剂、用药等的来源、数量和相关证明材料。

4.1.1.7 基因工程

禁止在有机养殖中使用基因工程生物及其产物。在同时进行有机和常规生产的养殖场内，在常规养殖部分也不允许使用基因工程生物。

4.1.2 河蟹运输

4.1.2.1 原则

① 运输用水的水质、温度和含氧量应该适合运输对象，尽量减少运输的距离和频率。

② 运输设备和材料必须对生物没有潜在的毒性影响。

③ 在运输前或运输过程中禁止使用化学合成的镇静剂或兴奋剂。

④ 运输过程中，运输对象要得到友好的照料，避免或减少对鲜活水产品的胁迫和机械损伤。

⑤ 在运输过程中要有专人负责运输对象的健康。

4.1.2.2 蟹苗运输

蟹苗装箱前，应在箱底铺一层纱布、毛巾或水草，保持湿润和防止局部积水和苗层厚度不均。蟹苗称重后，用手轻轻均匀撒在箱中。运苗过程中，防止风吹、日晒、雨淋，并防止温度过高或干燥缺水，也要防止洒水过度，导致局部缺氧。

4.1.2.3 河蟹运输

要挑选体质健壮、无病无伤的扣蟹运输，扣蟹运输包装时不应留有空隙和空间，每箱（袋）扣蟹数量不超过 7.5kg；运输前在箱底铺草席或草袋，并洒水至湿透，满足运输过程中扣蟹对湿度的需求；运输过程中防止太阳暴晒和低温冻伤扣蟹，在搬运过程中注意轻拿轻放，尽量减少不必要的损伤。

4.2 养殖场的选址和建设

养殖场选址时，应当考虑到维持养殖场的水生生态环境和周围水生、陆生生态系统平衡，并有助于保持所在水域的生物多样性。养殖场应当不受污染源和常规养殖场的不利影响。对拟选场址应先进行地质、水文、气象、生物、社会环境等方面的综合调查，在此基础上，提出建设方案，经可行性论证，向有关部门报批后，再进行严密的设计和严格的施工，以较少的投资和较快的速度，获得最理想的工程效果。具体条件如下：

① 培育池选择与改建，以靠近水源，水量充沛，水质清新，无污染，进排水方便，周围 1.5km 范围内没有污染源，产地应远离城镇、工厂、交通主干线，但以交通便利的土池为好；产地应建有独立的排灌系统或采取有效措施保证所用的水不受禁用物质的污染。

② 独立塘口或在大塘中隔建均可，培育池与周围常规农业区之间应有隔离带或设立不少于 8m 的缓冲带，缓冲带上若种植作物，应按有机方式栽培，但收获的产品只能按常规处理。如隔离带涉及水域的，水域不能影响有机蟹的生产。培育池要除去淤泥。在排水口处挖一蟹槽，大小为 2m²，深为 80cm，塘埂坡比 1∶（2～3）。塘埂四周用 60cm 高的钙塑板或铝板等作防逃设施，并以木、竹桩等作防逃设施的支撑物。

③ 面积以 400～2000m² 为宜，水深 0.8～1.2m；形状以东西向长、南北向短的长方形为宜。

④ 土质以黏壤土为宜，土壤中重金属及药残含量应符合《土壤环境质量标准》（GB 15618—2018）中的一级标准。

4.3 大眼幼体选择及放养

4.3.1 大眼幼体的选择

大眼幼体应选品种优良、体质健壮、无疫病，来自有机养殖体系的。日龄在

6d 以上，淡化 4d 以上，盐度 3 以下；个体大小均匀，规格在 $18×10^4$ 只/kg。若暂无有机养殖体系蟹苗，要选择那些严格按照我国无公害河蟹育苗操作规范培育出来的、不带病毒的健康大眼幼体；有条件的地方，应先进行大眼幼体检疫，或自己培育大眼幼体。

4.3.2 大眼幼体的放养

大眼幼体的放养密度在 500 只/m² 以下，放养时，先将蟹苗用池塘水淋洒几遍，然后将箱体放入水中，倾斜让蟹苗慢慢地自动散开游走，切忌一倒了之。

4.4 水质

养殖场及其水源水质必须符合 GB 11607—1989《渔业水质标准》。

4.5 养殖

4.5.1 按适合生物自然行为和当地条件的养殖方法进行养殖，尽量减少干扰。以盐田卤虫为扣蟹的主要饵料来源，辅以扣蟹有机饵料。

4.5.2 必须采取有效措施，防止其他养殖体系的水生动物进入有机养殖场，同时防止养殖场内动物受到捕食者的侵害。在各个养殖池四周建设隔离性物理措施，杜绝一切人为干扰并防止其他生物进入养殖池。

4.5.3 河蟹从蟹苗到捕捞的全过程都应在有机生产体系中，或至少在其后 2/3 生命周期采用有机方式养殖。

4.5.4 禁止对养殖对象采取任何人为伤害措施。

4.5.5 养殖观测管理

日常观测包括池水环境因子（包括温度、盐度、水色、透明度、氨氮含量等）的监测、扣蟹的生物学测定、河蟹活动情况的观察、扣蟹的存活率和蜕壳率估计以及巡池检查等内容，是贯穿于整个养殖过程中非常重要的工作，并且必须做好全面的观测项目记录。不断的随时对上述内容进行观测总结，全面及时地了解水情和扣蟹情况，制定科学合理的改进措施，保证养殖生产的成功。

4.6 饵料

4.6.1 水产养殖的饵料必须是经独立认证机构或独立认证机构（如 OFDC）认可的机构认证的有机饵料，或来自野生的水生饵料。使用野生鱼类作为饵料时，必须遵守国家有关渔业的法规。在有机认证的或野生的饵料数量或质量不能满足要求时，可以使用最多不超过总饵料量 5%（以干物质计）的常规饵料。

4.6.2 在需要饵料投入的系统，饵料中至少有 50% 的水生动物蛋白应来源于副产品或不适于人类消费的品种，在使用鱼粉时，必须搞清楚所用鱼粉的来源，是否适于人类消费，是否其捕捞措施是可持续性的。

4.6.3　允许使用天然的矿物质添加剂、维生素和微量元素，禁止使用人粪尿和直接使用动物粪肥。

4.6.4　允许使用下列饵料添加剂：

① 细菌、真菌和酶；

② 食品工业的副产品（如糖浆）；

③ 以植物为原料生产的产品。

4.6.5　下列物质不允许添加于饵料中或以任何方式喂食生物：

① 合成的促生长剂；

② 合成诱食剂；

③ 合成的抗氧化剂和防腐剂；

④ 合成色素；

⑤ 尿素等化肥；

⑥ 来源于相同物种的原料；

⑦ 经化学溶剂提取的饵料；

⑧ 化学提纯的氨基酸；

⑨ 基因工程生物或产品。

4.7　健康与安全

4.7.1　所有的管理措施应当旨在提高生物的抗病力。保持水体清洁，保证饵料质量，控制投饵量。

4.7.2　围隔养殖密度不能影响生物的健康，不能引起生物行为异常。必须定期监测生物的密度。

4.7.3　允许使用生石灰、漂白粉、茶籽饼和高锰酸钾对养殖水体和底泥进行消毒，以预防水生生物疾病的发生。禁止使用抗生素、寄生虫药或其他合成药品。

4.7.4　当有发生某种疾病的危险而不能通过其他管理技术进行控制时，或国家法律有规定时，可接种疫苗，但不允许使用基因工程疫苗。

4.8　病害

4.8.1　物质使用的规定

a. 允许使用纯活性微生物产品。

b. 允许使用有机认证机构（如 OFDC）的认证标准中所列的允许使用物质。

c. 有限制地使用有机认证机构（如 OFDC）的认证标准中所列的限制使用物质。

d. 限制使用对环境安全产生影响的微生物制剂。

e. 禁止使用阿维菌素制剂及其复配剂。

f. 禁止使用基因工程产品防治病害。

g. 禁止使用化学合成的杀菌剂。

4.8.2 扣蟹病害防治措施

4.8.2.1 减少外源性污染

① 彻底清池、消毒、除害，做好养殖生产的前期准备工作。通过彻底清池，减少池底有机废弃物的含量，从而减少生产过程中水体富营养化而造成污染的条件；消毒除害可使用生石灰、漂白粉、茶籽饼和高锰酸钾杀灭池土致病菌的中间宿主，切断传播途径。

② 选择优质虾苗放养。

③ 改变传统养殖模式，采用混合养殖（如扣蟹和贝类），减少池水排换量，减少从外界水源带来的污染。

④ 投喂鲜活饲料如卤虫时，必须查明来源，并经检测、冲洗干净后才能投喂。投入的人工饵料必须是经认证机构认证的有机饵料（如有机大豆、有机小麦、有机玉米等）。

⑤ 养殖器械及工具做到专池专用，并经常用允许使用的物质进行消毒。

4.8.2.2 保持池内水质理化因子相对稳定

① 营造良好水色，稳定透明度范围。可通过施发酵充分的有机肥或适当换水对池内浮游植物的群落结构和密度进行调整，使透明度为 30～40 cm，水色为浅褐色、黄褐色或黄绿色，水质具有新鲜感。浮游植物的光合作用，能使水体富含氧气，减少氨氮、硫化氢等有毒物质的生成，创造扣蟹良好的生态环境，抑制致病微生物的滋生。

② 重点进行底质改良。定期投放被有机认证机构（如 OFDC）允许使用的有益活性微生物制剂，它们在水体中能快速将有机物质彻底分解成单细胞藻类可利用的无机营养盐，减轻有机废弃物的污染，而本身对养殖品种无害，同时自身在水体中能迅速繁殖生长形成优势菌群，通过食物，直接或间接抑制有害菌群的繁殖生长。

③稳定 pH 值。可使用天然的沸石粉进行调节，控制 pH 值日波动小于 0.5。

④ 配套一定的增氧机械。高密度精养虾池中，增氧机械的使用，除了增加扣蟹对溶解氧的需要外，还在于通过搅水流动，使池水作循环流动状态，避免温跃层、盐跃层出现。但应限制增氧机的使用时间，不可长时间连续使用。

4.8.2.3　提高扣蟹自身免疫力和抗病力

① 在池塘中施充分发酵好的有机肥或适当换水，培养基础饵料。基础饵料是指扣蟹能繁衍起来且能为扣蟹摄食的各种生物总称，含有丰富的维生素、矿物质等营养成分，被扣蟹摄食后，既能节省饵料成本，又能增加扣蟹免疫力和抗病力。

② 根据所养扣蟹的特性，自制优质有机饵料（颗粒均匀、水中稳定性好、营养全面、饵料系数低等），在饵料中添加有机认证机构（如 OFDC）允许使用的能促进扣蟹摄食、消化吸收；促进蜕壳、生长；增强抗病力，提高成活率的饵料添加剂。

4.8.2.4　其他有效措施

采用非高密度养殖，使用蟹鱼、蟹贝混养模式。

4.9　捕捞

4.9.1　尽可能采用温和的捕捞措施，以使水生生物受到的不利影响最小。

4.9.2　尽量减少对活的水生动物的处理，处理时要小心操作。

4.10　捕捞后的池塘处理

封闭池塘水体的排水应经过处理并得到当地环保行政部门的许可。扣蟹捕捞后，应将池内积水排干，为封闸晒池、清淤整池、修堤等工作做好准备。同时有效处理池塘养殖废水的排放问题和底泥的再利用，避免对环境造成负面影响。鼓励封闭水体底泥的农业综合利用。

4.11　养殖场质量跟踪体系

4.11.1　质量跟踪体系内涵

① 跟踪审查体系是一种全过程的记录系统，通过该记录系统可以对某种水产品从养殖池到储藏直到销售的全过程进行追踪。

② 跟踪审查体系可以确保生产者的有机管理措施符合要求。

③ 它有助于认证机构审核生产者的有机管理，以符合有机认证机构的有机

标准。

④ 跟踪审查体系能够确保有机生产者按有机认证标准进行平行生产。

⑤ 跟踪审查体系中的文档记录内容应该简洁有效，便于产品的跟踪。

⑥ 一个完善的质量跟踪体系有助于生产者采取正确的管理决策。

4.11.2 扣蟹养殖场质量跟踪体系的记录要素

① 养殖场内养殖池分布图（是否清晰和准确，是否注明了临近土地的使用状况，是否与周围的常规养殖池或常规地块具有缓冲带）。

② 设备清洗记录。

③ 贮藏库的清洁记录。

④ 运输工具清洗记录。

⑤ 养殖场内养殖池历史记录表。

⑥ 养殖生产日志或生产作业活动记录。

⑦ 收获记录。

⑧ 贮藏记录。

⑨ 平行生产扣蟹的收获记录。

⑩ 平行生产扣蟹的贮藏记录。

⑪ 生产批号系统（给出生产批号样本并加以说明，生产批号系统是否可进行扣蟹从放苗到销售的全过程跟踪）。

⑫ 物质投入记录。

⑬ 销售记录。

⑭ 货物运输提货单或类似的记录样本。

⑮ 保持投入物质和支付生产费用服务的收据以及投入物质标识的复印件。

4.11.3 主要样本记录要素

4.11.3.1 养殖池分布图

养殖池分布图应该能够清楚地标明各养殖池的大小和位置、养殖池号、边界、缓冲带以及相邻地块的使用情况。分布图上还应该标明当年养殖的生物，邻近建筑物、草坪、树林、河流、排水沟渠和其他设施也应相应的在分布图上做出标记。

4.11.3.2 设备清洗记录

在扣蟹养殖过程中使用的设备名称、清洗时间、清洗方法及使用的材料、具体清洗人员等。

4.11.3.3　运输工具清洗记录

主要指河蟹的运输工具，记录项目包括运输工具名称、清洗时间、清洗方法及使用的材料、具体清洗人员等。

4.11.3.4　养殖池历史记录

养殖池养殖历史应该以表格的形式描述过去（一般 4 年）养殖的生物和投入的物质。表格中应包含养殖池号、面积、有机和常规生物的名称、每年养殖的生物种类、投入物质以及使用量。

4.11.3.5　养殖生产活动记录

养殖生产活动记录应真实反映整个生产过程，如河蟹放苗日期、投入物质记录、天气情况、环境监测记录、捕获日期/产量、储藏地点、设备的安装和使用情况和其他项目的记录。

4.11.3.6　收获记录

收获记录应包括扣蟹品种、养殖池号、收获日期、产量等。

4.11.3.7　平行生产收获记录

主要指常规扣蟹的收获记录，应包括扣蟹品种、养殖池号、收获日期、产量等。

4.11.3.8　生产批号系统

① 批号在有机管理系统的产品识别中起着至关重要的作用；

② 批号是用来进行产品跟踪的重要代码；

③ 批号通常包括养殖场代码、养殖池代码、养殖的生物代号、年份、收获批号、加工批号等。如 ZHANGGANG-ORGANIC1-SHRIMP-02-01-J01 为养殖场代码-养殖池代码-养殖的生物代号-年份-收获批号-加工批号。

4.11.3.9　物质投入记录

投入物质的记录详细记载了来自农场内或购自农场外的物质，包括物质的名称、来源、购置量、施用量、施用日期和养殖池号。

4.11.3.10　销售记录

销售记录包括发票、提货单、销售日志、购货定单等，具体的记录要素包含出售日期、所售产品、批号、所售数量、购买人和销售证书号等。

5　运输

5.1　运输工具在装载有机产品前应清洗干净。

5.2　有机产品在运输过程中应避免与常规产品混杂和受到污染。

5.3　在运输和装卸过程中，外包装上的有机认证标志及有关说明不得被玷污或损毁。

5.4　运输和装卸过程必须有完整的档案记录，并保留相应的单据。

6　标识

6.1　获得相关认证机构认证的产品可以使用认证机构提供的标志。

6.2　在产品的外包装上必须标明生产或加工单位的名称、地址、认证证书号、生产日期及批号。

6.3　产品标识不能错误诱导消费者。

6.4　在产品的外包装上印刷标志或说明的油墨必须无毒、无刺激性气味。

7　贸易商（包括零售商）

7.1　从事国内销售和进出口贸易的单位必须具有相应的资质证明。

7.2　同时经营相同品种的有机和常规产品时，必须可以明确区分相同品种的有机和常规产品。

7.3　应确保有机产品在贸易过程（进货、储存、运输、标识和销售）中不受有毒化学物质的污染。

7.4　必须制定和实施有机贸易内部质量控制措施，建立关于货源、运输、贮存、标识和销售的完整档案记录，并保留相应的票据。

Ⅱ　有机水产养殖国家标准

节选自《有机产品　生产、加工、标识与管理体系要求》（GB/T 19630—2019）

1　术语和定义

1.1　有机生产（organic production）

遵照特定的生产原则，在生产中不采用基因工程获得的生物及其产物，不使用化学合成的农药、化肥、生长调节剂、饲料添加剂等物质，遵循自然规律和生态学原理，协调种植业和养殖业的平衡，保持生产体系持续稳定的一种农业生产方式。

1.2 有机加工（organic processing）

主要使用有机配料，加工过程中不采用基因工程获得的生物及其产物，尽可能减少使用化学合成的 添加剂、加工助剂、染料等投入品，最大限度地保持产品的营养成分和/或原有属性的一种加工方式。

1.3 有机产品（organic product）

有机生产、有机加工的供人类消费、动物食用的产品。

注：本标准中可在具体有机产品或产品类别名称前标注"有机"，如有机种子、有机芽苗菜、有机配料等。

1.4 转换期（conversion period）

从开始实施有机生产至生产单元和产品获得有机产品认证之间的时段。

1.5 平行生产（parallel production）

在同一生产单元中，同时生产相同或难以区分有机的、转换期的或常规产品的情况。

1.6 缓冲带（buffer zone）

在有机和常规地块之间有目的的设置的、可明确界定的用来限制或阻挡邻近田块的禁用物质漂移的过渡区域。

1.7 投入品（input）

在有机生产过程中采用的所有物质或材料。

1.8 养殖期（animal life cycle）

从动物出生到作为有机产品销售的时间段。

1.9 顺势治疗（homeopathic treatment）

一种疾病治疗体系。

注：通过将某种物质系列稀释后使用来治疗疾病，而这种物质若未经稀释在健康动物上大量使用时能引起类似于所欲治疗疾病的症状。

1.10 植物繁殖材料（propagating material）

在植物生产或繁殖中使用的除一年生植物种苗以外的植物或植物组织。

注：包括但不限于根茎、芽、叶、扦插苗、根、块茎。

1.11 基因工程生物（genetically engineered organism） 转基因生物（genetically modified organism）

通过自然发生的交配与自然重组以外的方式对遗传材料进行改变的技术（基因工程技术/转基因技术）改变了其基因的植物、动物、微生物。

注：不包括接合生殖、转导与杂交等技术得到的生物体。

1.12 辐照（irradiation） 离子辐射（ionizing radiation）

放射性核素高能量的放射。

注：能改变食品的分子结构，控制食品中的微生物、病菌、寄生虫和害虫，用于保存食品或抑制诸如发芽或成熟等生理过程。

1.13 配料（ingredients）

在制造或加工产品时使用的、并存在（包括改性的形式存在）于产品中的任何物质。

1.14 食品添加剂（food additives）

为改善食品品质和色、香、味以及为防腐、保鲜和加工工艺的需要而加入食品中的人工合成或者天然物质。

1.15 加工助剂（processing aids）

保证食品加工能顺利进行而使用的各种物质，与食品本身无关。

注：如助滤、澄清、吸附、脱模、脱色、脱皮、提取溶剂、发酵用营养物质等。

1.16 标识（labeling）

在销售的产品及包装、标签或随同产品提供的说明性材料上，以书写、印刷的文字或图形的形式对产品所做的标示。

1.17 认证标志（certification mark）

证明产品生产或者加工过程符合本标准并通过认证的专有符号、图案或者符号、图案以及文字的组合。

1.18 销售（marketing）

批发、直销、展销、代销、分销、零售或以其他任何方式将产品投放市场的活动。

1.19 有机产品生产者（organic producer）

从事植物、动物和微生物产品的生产，其产品获得有机产品认证并获准使用有机产品认证标志的单位或个人。

1.20 有机产品加工者（organic processor）

从事食品、饲料和纺织品的加工，其产品获得有机产品认证并获准使用有机产品认证标志的单位或个人。

1.21 有机产品经营者（organic handler）

从事有机产品的运输、储存、包装和贸易，其经营产品获得有机产品认证并获准使用有机产品认证标志的单位和个人。

1.22 内部检查员（internal inspector）

有机产品生产、加工、经营组织内部负责有机管理体系审核，并配合有机认证机构进行检查、认证的管理人员。

1.23 生产单元（production unit）

由有机产品生产者实施管理的生产区域。

2 生产

2.1 基本要求

2.1.1 生产单元

有机生产单元的边界应清晰，所有权和经营权应明确，并且已按照本标准的要求建立并实施了有机生产管理体系。

2.1.2 转换期

由常规生产向有机生产发展需要经过转换，经过转换期后的产品才可作为有机产品销售。转换期内应按照本标准的要求进行管理。

2.1.3 基因工程生物

2.1.3.1 不应在有机生产中引入或在有机产品上使用基因工程生物/转基因生物及其衍生物，包括植物、动物、微生物、种子、花粉、精子、卵子、其他繁殖材料及肥料、土壤改良物质、植物保护产品、植物生长调节剂、饲料、动物生长调节剂、兽药、渔药等农业投入品。

2.1.3.2 同时存在有机和常规生产的生产单元，其常规生产部分也不应引入或使用基因工程生物。

2.1.4 辐照

不应在有机生产中使用辐照技术。

2.1.5 投入品

2.1.5.1 有机产品生产者应选择并实施栽培和/或养殖管理措施，以维持或改善土壤理化和生物性状，减少土壤侵蚀，保护植物和养殖动物的健康。

2.1.5.2 在栽培和/或养殖管理措施不足以维持土壤肥力和保证植物和养殖动物健康，需要使用生产单元外来投入品时，应使用 GB/T 19630—2019 中的附录 A 和附录 B 列出的投入品，并按照规定的条件使用。

在附录 A 和附录 B 涉及有机生产中用于土壤培肥和改良、植物保护、动物养殖的物质不能满足要求的情况下，可参照 GB/T 19630—2019 中的附录 C 描述的评估指南对有机农业中使用除附录 A 和附录 B 以外的其他投入品进行评估。

2.1.5.3 作为植物保护产品复合制剂的有效成分应是 GB/T 19630—2019 中的表 A.2 列出的物质，不应使用具有致癌、致畸、致突变性和神经毒性的物质作为助剂。

2.1.5.4 不应使用化学合成的植物保护产品。

2.1.5.5 不应使用化学合成的肥料和城市污水污泥。

2.1.5.6 有机产品中不应检出有机生产中的禁用物质。

⋯⋯⋯⋯⋯

2.6 水产养殖

2.6.1 转换期

2.6.1.1 非开放性水域养殖场从常规生产过渡到有机生产至少应经过 12 个月的转换期。

2.6.1.2 位于同一非开放性水域内的生产单元各部分不应分开认证，只有整个水体都完全符合本标准后才能获得认证。

2.6.1.3 若一个生产单元不能对其管辖下的各水产养殖水体同时实行转换，则应制订严格的平行生产管理体系。该管理体系应满足下列要求：

① 有机和常规养殖单元之间应采取物理隔离措施，对于开放水域生长的固着性水生生物，其有机生产区域应和常规生产区域、常规农业或工业污染源之间保

持一定的距离；

② 有机生产体系的要素应该能被检查，包括但不限于水质、饵料、药物等投入品及其他与标准相关的要素；

③ 常规生产体系和有机生产体系的文件和记录应分开设立；

④ 有机转换养殖场应持续进行有机管理，不应在有机和常规管理之间变动。

2.6.1.4 开放水域采捕区的野生固着生物，在下列情况下可以直接被认证为有机水产品：

① 水体未受本标准中禁用物质的影响；

② 水生生态系统处于稳定和可持续发展的状态。

2.6.1.5 可引入常规养殖的水生生物，但应经过相应的转换期。引进非本地种的生物品种时应避免外来物种对当地生态系统的永久性破坏。不应引入转基因生物。

2.6.1.6 所有引入的水生生物至少应在后 2/3 的养殖期内采用有机生产方式养殖。

2.6.2 养殖场的选址

2.6.2.1 养殖场选址时，应考虑到维持养殖水域生态环境和周围水生、陆生生态系统平衡，并有助于保持所在水域的生物多样性。有机生产养殖场应不受污染源和常规水产养殖场的不利影响。

2.6.2.2 有机生产的水域范围应明确，以便对水质、饵料、药物等要素进行检查。

2.6.3 水质

有机生产的水域水质应符合 GB 11607—1989 的规定。

2.6.4 养殖基本要求

2.6.4.1 应采取适合养殖对象生理习性和当地条件的养殖方法，保证养殖对象的健康，满足其基本生活需要。不应采取永久性增氧养殖方式。

2.6.4.2 应采取有效措施，防止其他养殖体系的生物进入有机生产体系及捕食有机生物。

2.6.4.3 不应对养殖对象采取任何人为伤害措施。

2.6.4.4 可人为延长光照时间，但每日的光照时间不应超过 16h。

2.6.4.5 在水产养殖用的建筑材料和生产设备上，不应使用涂料和化学合成物质，以免对环境或生物产生有害影响。

2.6.5　饵料

2.6.5.1　投喂的饵料应是有机的或野生的。在有机的或野生的饵料数量或质量不能满足需求时，可投喂最多不超过总饵料量 5%（以干物质计）的常规饵料。在出现不可预见的情况时，可在获得认证机构评估同意后在该年度投喂最多不超过 20%（以干物质计）的常规饵料。

2.6.5.2　饵料中的动物蛋白至少应有 50% 来源于食品加工的副产品或其他不适于人类消费的产品。在出现不可预见的情况时，可在该年度将该比例降至 30%。

2.6.5.3　可使用天然的矿物质添加剂、维生素和微量元素；水产动物营养不足而需使用人工合成的矿物质、微量元素和维生素时，应按照 GB/T 19630—2019 中的表 B.1 的要求使用。

2.6.5.4　不应使用人粪尿。不应不经处理就直接使用动物粪肥。

2.6.5.5　不应在饵料中添加或以任何方式向水生生物投喂下列物质：

① 合成的促生长剂；

② 合成诱食剂；

③ 合成的抗氧化剂和防腐剂；

④ 合成色素；

⑤ 非蛋白氮（尿素等）；

⑥ 与养殖对象同科的生物及其制品；

⑦ 经化学溶剂提取的饵料；

⑧ 化学提纯氨基酸；

⑨ 转基因生物或其产品。

特殊天气条件下，可使用合成的饵料防腐剂，但应事先获得认证机构许可，并由认证机构根据具体情况规定使用期限和使用量。

2.6.6　疾病防治

2.6.6.1　应通过预防措施（如优化管理、饲养、进食）来保证养殖对象的健康。所有的管理措施应旨在提高生物的抗病力。

2.6.6.2　养殖密度不应影响水生生物的健康，不应导致其行为异常。应定期监测生物的密度，并根据需要进行调整。

2.6.6.3 可使用生石灰、漂白粉、二氧化氯、茶籽饼、高锰酸钾和微生物制剂对养殖水体和池塘底泥消毒，以预防水生生物疾病的发生。

2.6.6.4 可使用天然药物预防和治疗水生动物疾病。

2.6.6.5 在预防措施和天然药物治疗无效的情况下，可对水生生物使用常规渔药。水生生物在 12 个月内只可接受一个疗程常规渔药治疗。超过允许疗程的，应再经过规定的转换期。

使用过常规药物的水生生物经过所使用药物休药期的 2 倍时间后方能被继续作为有机水生生物销售。

2.6.6.6 不应使用抗生素、化学合成药物和激素对水生生物实行日常的疾病预防处理。

2.6.6.7 当有发生某种疾病的危险而不能通过其他管理技术进行控制，或国家法律有规定时，可为水生生物接种疫苗，但不应使用转基因疫苗。

2.6.7 繁殖

2.6.7.1 应尊重水生生物的生理和行为特点，减少对它们的干扰。宜采取自然繁殖方式，不宜采取人工授精和人工孵化等非自然繁殖方式。不应使用孤雌繁殖、基因工程和人工诱导的多倍体等技术繁殖水生生物。

2.6.7.2 应尽量选择适合当地条件、抗性强的品种。如需引进水生生物，在有条件时应优先选择来自有机生产体系的。

2.6.8 捕捞

2.6.8.1 开放性水域有机生产的捕捞量不应超过生态系统的再生产能力，应维持自然水域的持续生产和其他物种的生存。

2.6.8.2 尽可能采用温和的捕捞措施，以使对水生生物的应激和不利影响降至最小程度。

2.6.8.3 捕捞工具的规格应符合国家有关规定。

2.6.9 鲜活水产品的运输

2.6.9.1 在运输过程中应有专人负责管理运输对象，使其保持健康状态。

2.6.9.2 运输用水的水质、水温、含氧量、pH 值，以及水生动物的装载密度应适应所运输物种的需求。

2.6.9.3 应尽量减少运输的频率。

2.6.9.4 运输设备和材料不应对水生动物有潜在的毒性影响。

2.6.9.5 在运输前或运输过程中不应对水生动物使用化学合成的镇静剂或兴

奋剂。

2.6.9.6　运输时间尽量缩短,运输过程中,不应对运输对象造成可以避免的影响或物理伤害。

2.6.10　水生动物的宰杀

2.6.10.1　宰杀的管理和技术应充分考虑水生动物的生理和行为,并合乎动物福利原则。

2.6.10.2　在水生动物运输到达目的地后,应给予一定的恢复期,再行宰杀。

2.6.10.3　在宰杀过程中,应尽量减少对水生动物的胁迫和痛苦。宰杀前应使其处于无知觉状态。要定期检查设备是否处于良好的功能状态,确保在宰杀时让水生动物快速丧失知觉或死亡。

2.6.10.4　应避免让活的水生动物直接或间接接触已死亡的或正在宰杀的水生动物。

2.6.11　环境影响

2.6.11.1　非开放性水域的排水应得到当地环保行政部门的许可。

2.6.11.2　鼓励对非开放性水域底泥的农业综合利用。

2.6.11.3　在开放性水域养殖有机水生生物应避免或减少对水体的污染。

Ⅲ　中美有机认证标准和认证体系比较

在过去十几年中,全球有机农业发展迅猛,尤其是有机种植业增长最快,但有机销售主要还是集中在发达国家。欧盟、美国和日本是有机产品的主要消费市场,占有机产品消费的 90% 以上,这给以有机产品出口为主的发展中国家提供了绝好的机会(Sheng et al., 2009)。然而,为了规范有机产品的生产和贸易,一些有机生产和消费大国逐步制定和建立了本国的有机法规和标准体系。这些不同国家和地区的不同有机标准和认证认可体系在不同程度上影响了持续增长的有机进出口市场。对国际有机产品市场来说,有机认证被认为是必不可少的要求,但也没有直接证据说明第三方认证是市场或消费者真正所要求的。一般国内的认证机构主导着国内的认证市场,而国外的认证机构成为有机产品出口的导向。一种有机产品在一个国家被认证,但在另一个国家则可能不被认证,如果有机产品生产者想出口产品到另一个国家,则必须遵守不同进口国的标准,所以多重认证可能是最佳选择。但多重认证也增加了有机产品的成本，使认证机构面对不同有机标准时显得无所适从（Biao Xie，2011）。

（1）有机产品的生产与贸易

据 FiBL-IFOAM 统计，截止到 2017 年底，有 181 个国家和地区从事有机生产，有机农业用地达到 6985 万公顷（包括有机转换的面积），中国是亚洲有机农业面积最多的国家（300 万公顷），美国则是北美洲有机农业面积最多的国家，达到 200 万公顷。2017 年，有 290 万有机生产者，40% 在亚洲，非洲占 28%，拉丁美洲占 16%。有机农业生产者数量较 2016 年增加了 10 万人，增幅近 5%。尽管全球经济增长放缓，有机产品的销售却持续增加，有机食品和饮料销售额达到 970 亿美元（FiBL & IFOAM，2017）。

近几年美国的有机市场规模增长很快，从 2000 年的 41 亿美元，猛增到现在的 452 亿美元，是目前世界上最大的有机食品销售市场，占世界销售额的 46.6%；有机食品销售额占总食品销售额的 5.5%。有机农产品在发达国家和发展中国家都得到快速增长，据美国农业部初步统计，美国有机农产品的进口远远高于出口。

中国有机产品的产值也一直在增长，从 2015 年的 1299 亿元（208.8 亿美元），到 2016 年的 1323 亿元（199 亿美元），再到 2017 年的 1337 亿元（194.1 亿美元）；国内的消费额也在不断增加，从 2015 年的 350 亿元（56.3 亿美元），到 2016 年的 450 亿元（67.8 亿美元），再到 2017 年的 606.7 亿元（88.1 亿美元），分别占产值的 26.9%、34%、45.4%；2017 年中国有机产品总出口额为 10.3 亿美元，出口到 30 多个国家和地区，主要为欧洲，其次为亚洲，因和美国的贸易摩擦，出口到美国的有机产品份额在近几年有所下降。

（2）有机标准和有机认证的发展

标准是对重复性事物和概念所做的统一规定，它以科学、技术和实践经验的综合成果为基础，经有关方面协商一致，由主管机构批准，以特定形式发布，作为共同遵守的准则和依据。在 21 世纪，农业标准越来越多地被用来规范食品生产，如有机食品（Cranfield et al.，2009）。有机认证是由可以充分信任的第三方证实销售给消费者的有机产品从种子到销售符合有机产品标准（FAO，2007）。生产者必须依据特殊规定的有机标准进行生产，产品才能标注"有机"商标（Giovannucci，2006）。有机产品经营者通常选择有机认证机构每年对产品进行检查，确保生产者遵守有机标准。

为了规范本国的有机生产和销售，各个国家根据各自国家的地理环境、风俗习惯、农业技术和有机农业发展水平制定了符合本国实际的有机标准和认证系统。据 FiBL 统计，制定本国有机法规和标准的国家增加到 86 个，有 26 个国家正在进行这方面的立法（FiBL et al.，2019）。

目前有机产品的法规和标准体系主要分为 3 个类型。一是国际性的标准，包括 CAC 和 IFAO 标准。CAC 标准是联合国粮农组织（FAO）和世界卫生组织（WHO）共同创建，被世界各国普遍认可的食品安全标准，是基础标准；IFAO 标准是世界范围内制定标准的框架，是关于有机生产、加工标准及认证程序的。二是区域性的标准，如欧盟有机农业标准（EEC 834/2007），是欧盟成员国所普遍采用的标准。三是国家性的标准，如美国国家有机项目（NOP）、日本有机农产品和加工食品标准（JAS）、中国的国家有机标准等。这些标准相对独立而且不相互承认，这就导致认证机构在认证不同国家的产品时必须获得这个国家的认证资格，有机生产者的产品面对不同的市场必须进行多重认证（FAO et al.，2009）。

欧盟、美国和日本是全球有机产品最大的消费市场，其他国家生产的有机产品进入这些国家都要分别遵守这些国家的有机法规和标准。控制进口一般采用下面 3 种方式：①经过等效评估，政府间签订有机产品互认协议，各自生产的产品可以单向或双向互相承认认证结果；②经过评估后进口国政府承认出口国一些认证机构的认证结果；③进口国政府只承认按本国法规标准进行认证的结果，这种情况下出口国的产品需要获得进口国认证机构的认证（唐茂芝等，2012）。目前 3 国都允许采用第 3 种方式进口；欧盟和美国都允许采用第 1 种方式进口，2012 年美国已与欧盟签订了互认协议，中国也在与欧盟进行互认谈判；日本和美国都接受国外的认证机构申请批准后可以在国外开展认证，欧盟在修订有机法典时也增加了这种进口途径。

（3）中国与美国的有机认证和标准比较

① 中国的有机产品认证系统。食品安全问题促使中国政府于 20 世纪 90 年代就制定了食品安全条例和法规。有机农业法规早在 2000 年就开始引入，但到 2005 年才开始实施，要求所有有机认证机构、生产者和经营者遵守中国国家有机标准和认证协议，进口的有机产品必须符合国家法规。2004 年中国的认证机构只有 6 家，2005 年增加到 26 家，2017 年跃升到 77 家。

中国的有机食品发展较早，其理念可以追溯到明代珠江三角洲的"桑基鱼塘"，即在低洼处挖塘养鱼，垅上种桑树，桑树叶喂蚕，桑屎养鱼的一种农业生产方式，是由我国古代劳动人民创造的一种传统的循环农业模式；20世纪80年代，中国政府提出了"生态农业"的概念（Chinese ecological agriculture，CEA）（Sanders，2006；Paull，2007），到了90年代，农业部提出了绿色食品计划（Mei et al.，2006）。目前，绿色食品从标准、认证，到商标的使用已经发展比较成熟，也得到中国消费者的认可（Paull，2007）。几乎是同时，中国诞生了首个有机食品企业，绿茶由荷兰的有机认证机构SKAL认证，并出口到荷兰（Zong，2002；Paull，2007）；1994年，由国家环保总局（现更名为国家生态环境部）成立了有机食品发展中心（OFDC），负责国内有机食品的认证和发证工作。有机食品发展中心遵照国家有机农业运动联盟（IFOAM）的基本法规和标准，制定了本国的有机食品认证体系，包括有机食品商标的使用和管理、有机产品技术规范等，于2001年，由国家环保总局发布（周泽江等，2002）；2003年国家环保总局将有机食品认证和监督管理的职能移交国家认证认可监督管理委员会（简称"认监委"）后，国家认监委组织制定了《有机产品认证办法》（由国家质检总局2004年第67号令发布）和《有机产品认证实施规则》（国家认监委2005年第11号公告），由国家标准委发布了《有机产品》国家标准（GB/T 19630.1—2005~GB/T 19630.4—2005），并于2011年、2019年进行了2次修订，新的国家标准于2020年1月1日起正式实施（GB/T 19630—2019）；同时，国家认监委基于风险分析原则，对《有机产品认证实施规则》进行了修订，对有机产品认证要求更加严格，并建立了销售产品"一品一码"的追溯体系，对《有机产品认证目录》进行了动态调整。至此，中国建立了成熟的、统一的有机产品认证法规和标准体系。有机产品认证机构也由原先的2家发展到现在的30多家，另外国外的有机认证机构，如美国的国际有机作物改良协会（OCTA）、法国的国际生态认证中心（ECOCERT SA）、德国的BCS有机认证机构、瑞士的生态市场研究所（IMO）、英国的土地联盟认证有限公司（Soil Association）以及日本的有机和自然食品协会（JONA）均获得国家认监委的批准，在中国可进行有机产品认证。

目前中国的有机产品认证体系建构如附图1所示。国家认监委（CNCA）对国家质量监督检验检疫总局（AQSIQ）负责，中国合格评定国家认可委员会（简称"国家认可委"，CNAS）在国家认监委指导下可对有机认证机构颁发许可证和考核，本国或国外的有机认证机构只有向国家认可委提出申请获得批准后，由国家认监委颁发证书，才能进行有机认证工作，国家认可委还负责有机产品法规和标准的组织制定工作。

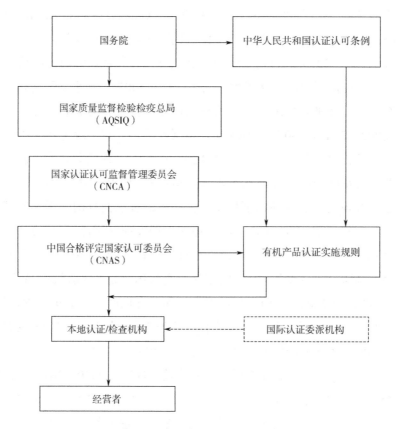

附图1 中国有机产品认证系统

② 美国有机产品认证系统。美国于1990年由国会通过了《有机食品产品法案》，并于2005年进行了修订（OFPA，Title XXI of the 1990 Farm Bill）。该法案授权美国农业部成立国家有机项目（NOP）负责有机产品标准和法规的制定和管理，具体由国家有机标准董事会（NOSB）实施；1992年美国农业部农业秘书任命首届NOSB成员，包括4名有机农场主、3名环保专家或资源保护专家、3名消费者、2名加工商、1名零售商、1名科技专家（毒理学、生态学或生物化学专业）和1名美国农业部认可的认证机构组成，开始了长达10年的有机标准制定工作，于2000年制定出并由NOP发布了联邦公告，建立了国家有机食品标准，包括《美国农业部有机法规》（Chapter 7 of the Code of Federal Regulations，Section 205）和《项目指导手册》，NOP可以根据NOSB的意见进行修改（附图2）。从2002年起，由

NOP 认可的有机认证机构开始进行有机产品认证。目前世界上有 93 家认证机构，其中超过 50 家在美国；133 个国家的 3 万多家有机产品企业中有 17000 家在美国。2012 年美国与欧盟签订了有机产品互认协议，美国和欧盟经过各自认证机构认证的有机产品可以直接在对方市场销售。

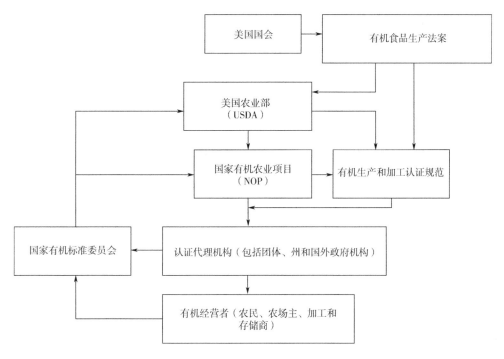

附图 2　美国有机认证系统图解

美国的企业获得有机认证需要以下步骤：选择一家认证机构、遵守国家有机认证标准、记录生产过程和原料使用情况、接受每年的检查。土地要有 3 年的转换期，或者有记录证明近 3 年没有使用违禁的物质。

美国农业部负责有机产品进口控制，有近 40 家国外的项目获得了美国标准认可。美国与 6 个国家签订了有机产品进口协议（包括英国）。许多美国农业部认可的有机认证机构服务于美国的出口，但美国有机产品的出口也必须符合进口国的有机标准。

美国对于企业违反有机法规的处罚也是比较严厉的，根据美国国会通过的《有机食品法案》规定，处罚最高达 10000 美元（现在已提高到 11000 美元），并暂停或注销认证证书。如果美国农业部或认证机构怀疑某个企业违法了有机法规，那么美国农业部或认证机构就可以对该企业进行暗查。

③ 中美有机标准比较。中国和美国有机产品标准的理念和框架是一致的，涉及有机产品的各个方面，包括植物类、野生植物类、畜禽类、加工包装和处理以及有机标识的管理等。

a. 有机产品认证目录。中国《有机产品认证目录》由中国认监委公布，于 2012 年 3 月 1 日生效。目录包括植物产品（包括野生植物采集）、畜禽类、食用菌栽培、水产类等 37 大类 127 种产品。根据风险评估的原则，将不适宜开展有机产品认证的产品排除在目录之外。之前已经获得认证，但不在《有机产品认证目录》范围内的认证证书，待有效期满后将自动失效。同时，国家认监委将对《有机产品认证目录》进行动态调整。

美国没有具体的有机产品认证目录，其有机产品的认证范围主要包括植物类、野生植物类、畜禽类、加工产品等。根据美国农业部有机法规，有机认证指导手册中的产品可以根据新出现的问题反馈进行增加、修改和移除，所有的变动都被列在反馈文件目录中。

b. 有机植物和野生植物要求。植物生产是有机生产中非常重要的部分，也是目前为止认证的产品种类最多的一类。中国和美国的标准都是从产地环境、种子、繁殖材料、缓冲带、平行生产、病虫害防治、禁止使用辐射和基因工程等方面进行控制，要求基本一致，但也存在一些差异。如在人粪尿的使用方面，中国标准中规定不允许在叶菜类、块茎类植物上施用人粪尿；在其他植物上必须施用时，应当进行充分腐熟和无害化处理，而在美国标准中则完全禁止使用。在产地环境要求方面，中国标准规定在申请有机认证前，认证机构必须对产地环境进行监测（检测），符合产地环境标准的要求才能进行下一步有机认证，而美国标准规定有机认证的土地必须禁止使用标准规定的违禁化学物质 3 年或以上，但并不需要进行环境检测。

野生植物采集必须明确边界，采集活动要保证物种多样性和可持续发展。中美两国的有机标准要求和规定基本一致。

c. 有机畜产品要求。畜禽养殖是有机生产中难度较大的部分。中美两国的有机畜禽养殖标准内容设置基本一致，都是从养殖期、营养（包括饲料来源、饲料配比和添加剂等）、动物疫苗、放牧和圈舍管理等方面做出详细规定。但两国在有机饲料和饲喂方法上有一些差别。中国标准规定在有机饲料缺乏时，可以使用常规饲料，食草动物比例不超过 10%，非食草动物比例不超过 15%，家畜和家禽不超过 25%（以上均是干重）；而美国标准强调 100% 的有机喂养，并提供户外活动和良好的生活条件，如对反刍动物，在放牧季节必须提供牧场，饲料中 30% 的干物质必须来自该牧场或有合作关系的有机农场，但对放牧的时间没有规定。

在美国有机水产养殖中还存在争论，争论的焦点是"什么是有机水产品"。早在 2000 年，美国农业部授权国家有机标准董事会成立工作组，对鱼类养殖企业的有机认证进行评估。但哪些鱼类可以进行有机认证一直没有达成共识，例如野生鱼类捕捞业并不属于农业范畴，是否可以直接标识有机产品等。2007 年 3 月，国家有机标准董事会建议美国农业部对一些鱼类养殖企业进行有机认证，而排除野生捕捞鱼类的资格。他们解释说"畜禽"指家畜、山羊、绵羊、猪、家禽、马等用作食品的产品，鱼类也用作食品，不论是野生还是家养的，或其他非植物类生物，因此鱼类也在《有机食品产品法案》规定的范围内。按照国家有机标准董事会的建议，养殖的鱼类可以获得有机认证，即使其饲料中包括超过 1/4 的野生鱼类或其副产品，很可能来自非可持续鱼类，也包括来自遵照有机农业原理生产的动物或植物。目前农业部还在搁置这些建议。

欧盟在 2009 年 6 月 29 日经过长时间讨论后，批准了新的有机法规中《有机水产养殖的实施细则》，这样有机鱼类和有机海产品首次在欧洲出现。

中国有机标准中将有机水产养殖和畜禽类分开，对养殖产品的转换期、场址选择、水环境质量、养殖与捕捞，对水环境的影响等方面均做了详细规定。

d. 有机产品的加工和处理。有机产品的加工主要从原料和辅料、加工工具、加工方法、害虫控制、储存和运输等方面进行控制，保证有机产品的可靠性和可追溯性。中美两国标准对加工的要求基本一致。只是在允许使用的辅料上（如食品添加剂），有一定的差别。

e. 有机产品标识。美国只允许产品中有机成分达到 95% 或以上的有机产品才能使用有机标识（见附图 3）；产品含有机成分在 70%～90% 可以标注"有机制造"；产品含有机成分在 70% 以下的可以在配料表中列出有机成分。

中国有机标识的使用规定与美国相同，但多了一个"有机转换产品"标识（见附图 4），有机转换产品不能以有机产品价格出售。所有有机认证产品都要做抽样检测，只有都符合有机标准要求，没有被检测出违禁物质的产品才能允许使用有机产品标识。

附图3　美国有机产品商标

（黑白商标用于白色或透明的背景）

附图4　中国有机产品商标

（4）中美有机标准的互认展望

① 中国已经修订了《有机产品》国家标准和《有机产品认证实施规则》，动态更新了《有机产品认证目录》，与国际有机法律法规系统保持同步，进一步适应了有机产品进口国的标准体系。2012年6月，中国政府与欧盟就有机产品互认开始谈判，并着手建立国家互认识别系统。而美国已经和欧盟达成有机产品互认协议，双方的有机产品从2012年6月1日起可以直接在对方的市场销售。

② 美国和中国都是拥有有机农业土地最多的国家之一。中国的有机产品以出口为主，国内消费为辅；而美国正好相反，以国内消费为主，出口为辅。两国的有机产品生产和销售互补性很强，且均有增长的潜力。预计不久的将来，两国将会就有机产品互认进行讨论和谈判。

③ 中美两国的有机认证标准和法规体系大致相同，但还存在不少差异，尤其是在有机生产环境控制、有机转换期、人粪尿的使用、有机畜禽养殖的有机饲料、有机水产养殖认证、有机产品认证目录等方面。预计两国一旦启动有机产品互认谈判的，由于有机标准中存在的诸多差异，谈判将会持续很长时间，但无论如何，互利共赢是原则，而有机标准和法规的求同存异将是突破谈判障碍的基础。

④ 有机市场的监管和互信是有机农业健康发展的必要条件。2013年德国有150家养鸡场以普通鸡蛋冒充有机鸡蛋销售的报道（Reuters，2013），如此大范围的欺骗行为不但欺骗了消费者，也对有机生产企业造成信任危机，这种情况在中国也时有发生。因此，在修订有机产品标准和法规时，在加大处罚力度的同时，有必要建立有效的监管体系，这是有机产品生产国普遍需要面对和解决的问题。

参考文献

[1] Anderson L A, Sarmiento J L, 1994. Redfield ratios of remineralization determined by nutrient data analysis[J]. Global Biogeochem. Cycles, 8(1): 65-80.

[2] Aparna K, Pasha M A, Rao D L, et al, 2014. Organic amendments as ecosystem engineers: Microbial, bio-chemical and genomic evidence of soil health improvement in a tropical arid zone field site[J]. Ecological Engineering, 71: 268-277.

[3] Arthur J R, 1996. Fish and shellfish quarantine: the reality for Asia-Pacific[A]. R P Subasinghe, J R Arthur, M Shariff. Health Management in Asian Aquaculture[C]. FAO Fisheries Technical Paper No. 360. Rome, FAO: 11-28.

[4] Balasubramanian S, Pappathi R, Raj S P, 1995. An energy budget and efficiency of sewage-feed fish ponds[J]. Bioresoures Technology, 52: 145-150.

[5] Barg U C, Bartley D M, Tacon A G, et al, 1997. Aquaculture and its environment: a case for collaboration[A]. D A Hancock, D C Smith, A Grant, et al. Proceedings of the 2nd World Fisheries Congress[C]. Collingwood (Australia), CSIRO: 462-470.

[6] Bergleiter S, 2001. Organic Shrimp Production[J]. Ecology and Farming, 5: 22-23.

[7] Biao Xie, Li Tingyou, Qian Yi, 2011. Organic certification and the market: organic exports from and imports to China[J]. British Food Journal, 113(10): 1200-1216.

[8] Boley A, Muller W R, Haider G, 2000. Biodegradable polymers as solid substrateand biofilm carrier for denitrfication in recirculated aquaculture systems[J]. Aquacultural Engineering. 22: 75-85.

[9] Boman G, 1974. Determinations of concentration of tuberculostatics[J]. Tidsskrift for Den Norske Laegeforening,

94(34): 2394-2395.

[10] Bonanomi Giuliano, Francesca de Filippis, Gaspare Ce-sarano, et al, 2016. Organic farming induces changes in soil microbiota that affect agro-ecosystem functions[J]. Soil Biology and Biochemistry, 103: 327-336.

[11] Brown J J, Glenn E P, Fitzsimmons K M, et al, 1999. HalopHytes for the treatment of saline aquaculture effluent[J]. Aquaculture, 175: 255-268.

[12] Collins P A, Paggi J C, 1998. Feeding ecology of Macrobrachium borelli (Nobili) in the flood valley of the River Parana, Argentina[J]. Hydrobiologia, 362: 21-30.

[13] Cranfield J, Deaton B J, Shellikeri S, 2009. Evaluating consumer preferences for organic food production standards[J]. Canadian Journal of Agricultural Economics. 57: 99-117.

[14] Dandapat J, Chainy G, Rao K J, 2000. Dietary vitamin E modulates antioxidant defense system in giant freshwater prawn, *Macrobrachium rosenbergii*[J]. Comp biochem pHysiol, 127C: 101-115.

[15] Dierberg F E, Kiattisimkul W, 1996. Issues, impacts and implications of shrimp aquaculture in Thailand[J]. Environmental Management, 205, 649-666.

[16] Dubois, R, 1965. Man Adapting[M]. Yale University, New Haven.

[17] Ebbesvik M, Loes A K, 1994. Organic dairy production in Norway: feeding, health, fodder production nutrient balance and economy——results from the 30-farm-project[A]. Granstedt A, Koistinen R. Converting to Organic Agriculture[C]. Scandinavian Association of Agricultural Scientists Rapport: 35-42.

[18] FAO, 2007. Certification costs and managerial skills under different organic certification schemes selected case studies[A]. Santacoloma, P Agricultural Management, Marketing and Finance Service (AGSF) Rural Infrastructure and Agro-Industries Division[R]. FAO, Rome.

[19] FAO, 2020. The state of world fisheries and aquaculture[DB/OL]. Sustainability in action. Rome. https: //doi.org/ 10.4060/ca9229en.

[20] FAO/IFOAM/UNCTAD, 2008. Guide for Assessing Equivalence of Organic Standards and Technical Regulations[EB/OL]. www.unctad.org/trade_env/test1/meetings/itf8/ITF_EquiTool_finaldraft_080909db.pdf, 2009-6-16.

[21] FAO/WHO, 2001. Guidelines for the production, processing, labeling and marketing of organically produced foods[R].

[22] FAO/WHO, 2020. Guidelines for the production, processing, labeling and marketing of organically produced foods[R].

[23] FAO/WHO, 2020. The state of world fishieries and aquaculture. https: //doi.org/10.4060/ca923 len.

[24] Feber R E, L G Firbank, P J Johnson, et al, 1997. The effects of organic farming on pest and non-pest butterfly abundance. Agric. Ecosyst. Envir, 64, 133-139.

[25] FiBL, IFOAM, 2020. The world of organic agriculture—statistics & emerging trends 2020[M]. Nuremberg: BioFach Corgess.

[26] FiBL, IFOAM, 2019. 正谷(北京)农业发展有限公司译. 2019 年世界有机农业概况与趋势预测[M]. 北京: 中国农业科学技术出版社.

[27] Funge-Smith J, Briggs P, 1998. Nutrient budgets in intensive shrimp ponds: implications for sustainability[J]. Aquaculture, 164: 117-133.

[28] Giovannucci D, 2006. Salient trends in organic standards: opportunities and challenges for developing countries[R]. World Bank/USAID Trade and Standards E-learning Course.

[29] Gowen R J, 1994. Managing eutrophication associated with aquaculture developments[J]. Journal of Applied Ichthyology, 10: 242-257.

[30] Haahtela I, 1963. Some new observations and remarks on the occurrence of the mitten crab Eriocheir sinensis, in Finland[J]. Aquilo Ser. Zool, 1: 9-16.

[31] Hargreaves J A, 1998. Nitrogen Biochemistry of Aquaculture Ponds[J]. Aquaculture, (166): 181-212.

[32] He X, Qiao Y, Liu Y, et al, 2016. Environmental impact assessment of organic and conventional tomato production in urban greenhouses of Beijing city, China[J]. Journal of Cleaner Production, 134: 251-258.

[33] Hoestland H, 1959. Repartition actuelle du crabe chinois (Eriocheir sinensis)[J]. Bull Fr Piscic, 194: 4-14.

[34] Horwath J L, 1989. Importatjion or shipment of injurious wildlife: Mitten crabs[J]. U S fed Reg, 54(98): 22286-22289.

[35] Howath R W, Marino R, Jane J, 1988. N fixation in freshwater, estuarine and marine ecosystem 1 Rates and importance[J]. Limnology and Oceanography, 33(4): 669-687.

[36] Hultmark D, Steiner H, Rasmuson T, et al, 1980. Purification and properties of three inducible bactericidal proteins from hemolymph of immunized pupae of Hyalophora cecropia[J]. FEBS Journal, 106(1): 7-16.

[37] INFOFISH, 2002, What is Organic aquaculture[OL]. July/August issue.

[38] Ingle R W, 1986. The Chinese mitten crab Eriocheir sinensis, a contentious immigrant[J]. Lond Nat, 65: 101-105.

[39] International Federation of Organic Agriculture Movements (IFOAM), 2002. Basic Standards for Organic Production and Processing[R]. Wendel, Germany.

[40] ISAAA, 2017. 2016 年全球转基因作物商业化发展态势[J]. 中国生物工程杂志, 37 (4) : 1-8.

[41] Kareiva P, 1993. Transgenic plants on trials[J]. Nature, (363): 580-581.

[42] Kaspar H F, Gillespie P A, Boyer I C, et al, 1985. Effects of mussel aquaculture on the nitrogencycle and benthic communities in Kenepru sounds, New Zealand[J]. Mar boil, 85: 127-136.

[43] Kawabata S, Iwanaga S, 1999. Role of lectins in the innate immunity of horseshoe crab[J]. Dev Comp Immunol, 23(4-5): 391-400.

[44] Kioussis D R, Wheaton F W, Kofinas P, 2000. Reactive nitrogen and phosphorus removal from aquaculture wastewater effluents using polymer hydrogels[J]. Aquacultural Engineering, 23: 315-332.

[45] Krattiger A, 1994. The field testing and commercialization of genetically modified plants: A review [A]. Krattiger A F, d Rossemarin. Biosafety for Sustainable Agriculture[C]. ISAAA. Ithaca, NY: 247-266.

[46] Lefebvre S, Bacher C, Meuret A, et al, 2001. Modeling approach of nitrogen and phosphorus exchanges at the sediment-water interface of an intensive fishpond system [J]. Aquaculture, 195: 279-297.

[47] Li Sifa, 1987. Energy structure and efficiency of a typical Chinese integrated fish farm [J]. Aquaculture, 65: 105-118.

[48] Martin M, Veran Y, Guelorge O, et al, 1998. Shrimp rearing stocking density, growth, impact on sediment waste output and their relationships studied through the nutrition budget in rearing ponds[J]. Aquaculture, 164: 135-149.

[49] Mei Y, Jewison M, Greene C, 2006. Organic products market in China[R]. USDA Foreign Agricultural Service, GAIN Report, CH6405.

[50] Meng F, Qiao Y, Wu W, et al, 2017. Environmental impacts and production performances of organic agriculture in China: A monetary valuation[J]. Journal of Environmental Management, 188: 49-57.

[51] Naylor R, Goldburg R, Kautsky N, et al, 2000. Effect of Aquaculture on World Fish Supplies[J]. Nature, 405: 1017-1024.

[52] Nepszy S J, Leach J H, 1973. First records of the Chinese mitten crab *Eriocheir sinensis* from North America[J]. J Fish Res Board Can, 30: 1909-1910.

[53] Niggli U, 1998. How to keep organic food free of genetically engineered organisms[A]. Foguelman, Dina and Lockeretz, Willie. Organic Agriculture – the Credible Solution for the XXIth Century: Proceedings of the 12th International IFOAM Scientific Conference, Mar del Plata/Argentina[C]. IFOAM: 17-22.

[54] Offermann F, Nieberg H, 2000. Economic performance of organic farms in Europe[M]. //Organic Farming in Europe: Economics and Policy (No.Vol. 5). Stuttgart: University of Hohenheim.

[55] Organic Food Development Center (OFDC), 2003. Organic Certification Standards, Nanjing China.

[56] Páez-Osuna F, 2001. The environmental impact of shrimp aquaculture: a global perspective[J]. Environmental Pollution, 112: 229-231.

[57] Páez-Osuna F, Guerrero-Galván S, Ruiz-Fernández A, 1998. The environmental impact of shrimp aquaculture and the coastal pollution in Mexico[J]. Marine Pollution Bulletin, 36: 65-75.

[58] Panning, A, 1939. The Chinese mitten crab[J]. Smithson Inst Annu Rep, 361-375.

[59] Paull J, 2007. China's organic revolution[J]. Journal of Organic Systems, 2 (1): 1-11.

[60] Provenzano A J, 1985. Commercial culture of decapod crustaceans[A]. Dorothy E Bliss The Biology of Crustacea[C]. Academic Press, Inc: 269-314.

[61] Real L A, 1996. Sustainability and the ecology of infectious diseases[J]. Bioscience, 46, 88-97.

[62] Rodhouse P G, Roden C M, Hensey M P, et al. 1985. Production of Mussels, Mytilus Edulis, in suspended culture and

estimates of carbon and nitrogen flow: killary harbour, Ireland[J]. Journal of the Marine Biological Association of the UK, 65(01): 55-68.

[63] Sakai M, 1999. Current research status of fish immunostimulants[J]. Aquaculture, 172: 63-92.

[64] Sanders A, 2006. Market Road to Sustainable Agriculture? Ecological Agriculture, Green Food and Organic Agriculture in China[J]. Development and change, 37(1): 201-226.

[65] Schupbach M, 1986. Spritzmittelruckstande in Obst und Gemuse[J]. Deutsche Lebensmittel Rundschau, 82 (3): 76-80.

[66] Seufert V, Ramankutty N, Foley J A, 2012. Comparing the yields of organic and conventional agriculture[J]. Nature, 485(7397): 229-232.

[67] Seufert V, Ramankutty N, 2017. Many shades of gray—The context-dependent performance of organic agriculture[J/OL]. Science Advances, 3(3): e1602638[2017-03-10]. www.sciencemag.org/subscriptions.DOI: 10.1126/sciadv.1602638.

[68] Sheng J P, Lin S, Qiao Y H, et al, 2009. Market trends and accreditation systems for organic food in China[J]. Trends in Food Science & Technology, 20 (9): 396-401.

[69] Shreck A, Getz C, Feenstra G, 2006. Social sustainability, farm labor, and organic agriculture: Findings from an exploratory analysis[J] . Agriculture & Human Values, 23(4): 439-449.

[70] Sundrum A, 2000. Organic livestock farming: A critical review[J]. Livestock Production Science, 67: 207-215.

[71] Sung H H, Yang Y L, Song Y L, 1996. Enhancement of microbicidal activity in the tiger shrimp *Penaeus monodon* via immunostimulation[J]. Journal of Crustacean Biology, 16: 278-284.

[72] Teichert R, Martinez D, Ramirez E, 2000. Partial nutrient budgets for semi- intensive shrimp fames in Honduras[J]. Aquaculture, 190: 139-154.

[73] Troell M, Rönnbäck P, Halling C, et al, 1999. Ecological engineering in aquaculture: use of seaweeds for removing nutrients from intensive mariculture[J]. Journal of Applied Phycology, 11: 89-97.

[74] Vaarst M, Enevoldsen C, 1994. Disease control and health in Danish organic dairy herds[A]. Hiusman, E A Pro 4th Zodiac Symposium, Biological Basis of Sustainable Animal Production[C]. EAAP, Publ, 67, 211-217.

[75] Zong H, 2002. The role of agriculture and rural development in China[C]. Organic Agriculture and Rural Poverty Alleviation: Potential and Best Practices in Asia, United Nations Economic and Social Commission for Asia and the Pacific (UNESCAP), Bangkok.

[76] 艾春香, 陈立侨, 高露娇, 等, 2002. VC 对河蟹血清和组织中超氧化物歧化酶及磷酸酶活性的影响[J]. 台湾海峡, 21(4): 431-438.

[77] 艾春香, 陈立侨, 温小波, 等, 2003. VE 对河蟹血清和组织中超氧化物歧化酶及磷酸酶活性的影响[J]. 台湾海峡, 22(1): 25-31.

[78] 安贤惠, 2005. 几种缢蛏的营养性和健康性分析评价[J]. 海洋湖沼通报, 4: 99-104.

[79] 包杰, 田相利, 董双林, 2006. 对虾、青蛤和江蓠混养的能量收支及转化效率研究[J]. 中国海洋大学学报, 36(sup): 27-32.

[80] 包永胜, 杨庆满, 屠林君, 2006. 南美白对虾与梭鱼混养试验[J]. 水利渔业, 26(6): 72-74.

[81] 卞有生, 2000. 中国农业生态保护的现状、问题及对策[J]. 中国工程科学, 2(12): 16-20.

[82] 曹立业, 1996. 水产养殖中的氮、磷污染[J]. 水产学杂志, 9(1): 76-77.

[83] 陈竟春, 石安静, 1996. 贝类免疫生物学研究概况[J]. 水生生物学报, 20(1): 74-78.

[84] 陈立桥, 陈英鸿, 倪达书, 1993. 池塘饲养鱼类优化结构及其增产原理 II. 池塘主养鱼类合理群落结构及其能量转换效率[J]. 水生生物学报, 17(3): 197-205.

[85] 陈其焕, 庄亮钟, 陈兴群, 等, 1990. 大亚湾叶绿素 a 与初级生产力[C]. 大亚湾海洋生态文集, 北京: 海洋出版社.

[86] 陈尚, 朱明远, 马艳, 等, 1999. 富营养化对海洋生态系的影响及其围隔实验研究[J]. 地球科学进展, 14(6): 571-576.

[87] 陈水土, 阮五崎, 1994. 九龙江口、厦门西海域磷的生物地球化学研究——III生物活动参与下的磷形态转化及磷循环估算[J]. 海洋学报, 16(2): 63-71.

[88] 陈四清, 陈素丽, 石艳, 等 1996. 长毛对虾碱性磷酸酶酶性质[J]. 厦门大学学报, 5(2): 257-261.

[89] 陈四清, 李晓川, 李兆新, 等, 1995. 中国对虾配合饲料入水后营养成分的流失及其对水环境的影响[J]. 中国水产科学, 2(4): 41-47.

[90] 崔毅, 陈碧娟, 任胜民, 等, 1996. 渤海水域生物化学环境现状研究[J]. 中国水产科学, 3(2): 1-12.

[91] 丁天喜, 李明云, 刘祖祥, 1996. 对虾塘综合养殖的模式和原理[J]. 浙江水产学院学报, 15(2): 134-139.

[92] 董双林, 堵南山, 赖伟, 1994. 日本沼虾生理生态学研究——温度和体重对其代谢的影响[J]. 海洋与湖沼, 25(3): 233-237.

[93] 董双林, 潘克厚, 2000. 海水养殖对沿岸生态环境影响的研究进展[J]. 青岛海洋大学学报, (4): 575-582.

[94] 樊发聪, 1991. 河蟹饲料配方筛选试验报告[J]. 淡水渔业, (1): 27-28.

[95] 樊祥国, 2004. 2003 年水产养殖发展情况综述[J]. 中国水产, 4: 15-16.

[96] 富兰克林·H·金, 2011. 四千年农夫: 中国、日本和朝鲜的永续农业[M], 程存旺、石嫣译. 北京: 东方出版社.

[97] 高明, 2003. 河蟹标准化生产技术[M]. 北京: 中国农业大学出版社.

[98] 谷孝鸿, 胡文英, 陈伟民, 1999. 不同养殖结构鱼塘能量生态学研究[J]. 水产学报, 23(1): 33-39.

[99] 何雪清, 2016. 水稻长期有机生产的环境效益[D]. 北京: 中国农业大学.

[100] 侯俊利, 陈立侨, 2004. 虾蟹的营养学研究及饲料开发[J]. 饲料广角, (9): 41-45.

[101] 黄惠英, 2013. 中国有机农业及其产业化发展研究[D]. 成都: 西南财经大学: 186.

[102] 黄文钰, 许朋柱, 范成新, 2002. 网围养殖对骆马湖水体富营养化的影响[J]. 农村生态环境, (1): 22-25.

[103] 康春晓, 雷慧增, 谭玉均, 1990. 以草鲢鱼为养鱼的池塘能量转换效率初探[J]. 水产科技情报, 17(2): 47-49.

[104] 雷惠僧, 谭玉钧, 葛光华, 1983. 河埠水产养殖综合养鱼复合生态系统的初步研究[J]. 水产科技情报, (3): 10-14.

[105] 李爱杰, 1996. 水产动物营养与饲料学[M]. 北京: 中国农业出版社.

[106] 李德尚, 1993. 水产养殖手册[M]. 北京: 中国农业出版社.

[107] 李海建, 2002. 水体中硫化氢产生原因及应对措施[J]. 科学养鱼, (10): 47.

[108] 李吉方, 董双林, 文良印, 等, 2003. 盐碱地池塘不同养殖模式的能量利用比较[J]. 中国水产科学, 10(2): 143-147.

[109] 李林思, 2001. 河蟹人工育苗与病害防治[M]. 北京: 科学技术文献出版社, 276-309.

[110] 李诺, 1995. 论水产养殖发展中的问题和今后研究的重点[J]. 齐鲁渔业, (5): 18-20.

[111] 李廷友, 林振山, 谢标, 2009. 农业面源污染现状与治理对策探讨[J]. 安徽农业科学, 37(6): 2705-2707.

[112] 李廷友, 林振山, 谢标, 2008. 扣蟹有机水产养殖环境评价研究[J]. 农业环境科学学报, 27(4): 1681-1685.

[113] 李廷友, 林振山, 尹静秋, 2009. 基于有机水产养殖减轻农业面源污染的研究[J]. 水生态学杂志, 2(6): 67-70.

[114] 李廷友, 林振山, 2010. 海水围塘混合养殖生态系统氮磷平衡的研究[J]. 井冈山大学学报(自然科学版), 31(2): 32-35.

[115] 李廷友, 谢标, 阎斌伦, 等, 2006. 有机饵料常规饵料对扣蟹品质的比较研究[J]. 海洋湖沼通报, 2: 82-87.

[116] 李廷友, 谢标, 林振山, 2012. 有机海水围塘养殖生态系统能量收支与利用效率研究[J]. 水生态学杂志, 33(3): 80-84.

[117] 李廷友, 谢标, 陆波, 等, 2005. 中药添加剂对中华绒螯蟹扣蟹非特异性免疫力影响的研究[J]. 淡水渔业, 35(1): 3-6.

[118] 李廷友, 赵鑫, 谢标, 2014. 中美有机农业认证标准体系探析[J]. 江苏农业科学, 42 (12): 467-471.

[119] 李旭光, 杨文亮, 张琦, 2004. 对虾养殖过程中水质因子的影响与调控[J]. 中国水产, (1): 59-61.

[120] 李永祺, 1999. 海水养殖生态环境的保护与改善[M]. 济南: 山东科学技术出版社: 239-242.

[121] 梁玉波, 1998. 海湾扇贝自身污染的研究[J]. 海洋环境科学, 17(3): 11-17.

[122] 林爱华, 李予蓉, 2003. 黄芪对小鼠免疫功能的影响[J]. 第四军医大学学报, 24(17): 17.

[123] 林林, 丁美丽, 孙舰军, 等, 1998. 有机污染提高对虾对病原菌敏感性实验[J]. 海洋学报, 20(1): 90-93.

[124] 林仕梅, 罗莉, 叶元土, 等, 2001. 饲料蛋白能量比、非植酸磷水平对中华绒螯蟹氮、磷排泄和转氨酶活力的影响[J]. 中国水产科学, 8(4): 62-65.

[125] 林仕梅, 叶元土, 罗莉, 1999. 水产养殖的绿色饲料开发研究[J]. 中国饲料, 15: 23-25.

[126] 刘恒, 李光友, 1998. 免疫多糖对养殖南美白对虾作用的研究[J]. 海洋与湖沼, 29(2): 113-117.

[127] 刘树青, 江晓路, 牟海津, 等, 1999. 免疫多糖对中国对虾血清溶菌酶、磷酸酶和过氧化物酶的作用[J]. 海洋与湖沼, 30(3): 278-283.

[128] 刘文静, 2016. 山西发展有机农业产业精准扶贫[J]. 山西农经, (5): 20-21.

[129] 刘学军, 1990. 人工配合饲料养殖河蟹高产技术试验[J]. 淡水渔业, (5): 20-22.

[130] 刘岩、江晓路、吕青, 等, 2000. 聚甘露糖醛酸对中国对虾免疫相关酶活性和溶菌酶活性的影响[J]. 水产学报, 24(6): 549-553.

[131] 楼伟风, 李爱杰, 徐家敏, 1989. 中国对虾粗蛋白的氨基酸含量的比较分析[J]. 青岛海洋大学学报. 19(2): 69-79.

[132] 卢成仁, 2020. 中国有机农业与有机食物 30 年研究述评(1990—2020)[J]. 鄱阳湖学刊, 4: 112-128.

[133] 罗辉, 李廷友, 2012. 海水围塘养殖生态系统氮磷负荷的研究[J]. 井冈山大学学报(自然科学版), 33(2): 41-44.

[134] 罗日祥, 1997. 中药制剂对中国对虾免疫活性物的诱导作用[J]. 海洋与湖沼, 28(6): 573-578.

[135] 罗燕, 乔玉辉, 吴文良, 2011. 东北有机及常规大豆对环境影响的生命周期评价[J]. 生态学报, (23): 185-193.

[136] 彭云辉, 陈玲娣, 陈浩如, 1991. 珠江河口水域磷酸盐与溶解氧的相互关系[J]. 海洋通报, 10(6): 25-28.

[137] 彭云辉, 王肇鼎, 高红莲, 等, 2001. 大亚湾大鹏澳网箱养殖水体无机氮的生物地球化学[J]. 海洋通报, 20(2): 16-24.

[138] 齐振雄, 李德尚, 张暴平, 等, 1998. 对虾养殖池塘氮磷收支的实验研究[J]. 水产学报, 22(2): 124-128.

[139] 乔玉辉, 齐顾波, 2016. 中国农业可持续发展的多元化路径[M]. 北京: 中国农业科学技术出版社.

[140] 曲克明, 李勃生, 2000. 对虾养殖生态环境的研究现状和展望[J]. 海洋水产研究, 21(3): 67-71.

[141] 曲克明, 等, 2000. 氮磷营养盐影响海水浮游硅藻种群组成的初步研究[J]. 应用生态学报, 11(3): 445-448.

[142] 阮荣景, 戎克文, 王少梅, 1993. 罗非鱼对微型生态系统浮游生物群落和初级生产力的影响[J]. 应用生态学报, 4(1): 65-73.

[143] 桑明强, 杨品红, 1998. 内陆地区河蟹养殖存在的问题与对策[J]. 内陆水产, 6: 2-3.

[144] 沈锦玉, 刘问, 曹铮, 等, 2004. 免疫增强剂对中华绒螯蟹免疫功能的影响[J]. 浙江农业学报, 16(1): 25-29.

[145] 石俊艳, 刘中, 韩守谨, 等, 1997. 辽宁省河蟹养殖水环境监测报告[J]. 水利渔业, (5): 23-24.

[146] 舒廷飞, 温琰茂, 陆雍森, 等, 2004. 网箱养殖 N、P 物质平衡研究——以广东省哑铃湾网箱养殖研究为例[J]. 环境科学学报, 24(6): 1046-1052.

[147] 舒廷飞, 温琰茂, 周劲风, 等, 2005. 哑铃湾网箱养殖环境容量研究 I: 网箱养殖污染负荷分析计算[J]. 海洋环境科学, (2): 21-23.

[148] 孙国琴, 2007. 发展现代有机农业 加快脱贫致富步伐——对万载县实施现代农业产业化扶贫的调查与思考[J]. 老区建设, (11): 36-37.

[149] 孙虎山, 李光友, 1999. 脂多糖对栉孔扇贝血清和细胞中 7 种酶活力的影响[J]. 海洋科学, 4: 54-57.

[150] 孙耀, 杨琴芳, 崔毅, 等, 1996. 对虾养殖中新生残饵耗氧动态及其规律的研究[J]. 中国水产科学, 3(04): 54-60.

[151] 谭德清, 陈宜瑜, 许蕴轩, 1995. 河蟹对人工配合饲料的消化率[M]. 洪湖水生生物及其资源开发. 北京: 科

学出版社: 268-272.

[152] 唐茂芝, 王茂华, 乔玉辉, 等， 2012. 中日有机产品认证标准体系比较分析及互认可行性分析[J]. 标准科学, 1: 84-87.

[153] 童军, 龚培培, 王明宝, 1999. 谈治理水产养殖药害的途径[J]. 淡水渔业, 1999(7): 17-19.

[154] 王雷, 李光友, 毛远兴, 等, 1994. 口服免疫型药物对养殖中国对虾病害防治作用的研究[J]. 海洋与湖沼, 25(5): 481-486.

[155] 王雷, 李光友, 1992. 甲壳动物的体液免疫研究进展[J]. 海洋科学, 3: 18-19.

[156] 王伟良, 李德尚, 董双林, 2000. 养虾围隔中无机氮浓度与放养密度及环境因子的关系[J]. 海洋科学, 24(10): 44-47.

[157] 王志强, 陈杖榴, 2000. 兽用中草药与抗菌西药联合应用研究进展[J]. 中兽医医药杂志, (3): 15-18.

[158] 韦蔓新, 董万平, 何本茂, 等, 2001. 北海湾磷的化学形态及其分布转化规律[J]. 海洋科学, 25(2): 50-53.

[159] 吴乃薇, 边文冀, 姚宏禄, 1992. 主养青鱼池塘生态系统能量转换率的研究[J]. 应用生态学报, 3(4): 333-338.

[160] 席峰, 2007. 海水养殖生态环境系统演化机制研究——以半精养虾蟹混养系统为例[D]. 厦门: 厦门大学.

[161] 肖克宇, 2000b. 我国水产动物免疫研究的现状与发展(下) [J]. 内陆水产, (9): 39-40.

[162] 肖克宇, 2000a. 我国水产动物免疫研究的现状与发展(上)[J]. 内陆水产, (8): 37-38.

[163] 谢标, 王晓蓉, 丁竹红, 2002. 有机农业的环境效益评估[J]. 水土保持通报, (2): 71-74.

[164] 谢标, 2003. 对虾有机养殖研究及水产养殖对沿海附近水域水质的影响[D]. 南京: 南京大学.

[165] 谢标. 2005. 全球有机水产养殖现状及问题[J]. 世界农业, 2(310): 45-47.

[166] 徐新章, 付培峰, 何珍秀, 1996. 幼蟹对不同粒度原料的蛋白质表观消化吸收率的试验[J]. 江西水产科技, (3): 18-20.

[167] 徐新章, 1998. 中华绒螯蟹系列配合饵料研究综述及今后研究方向[J]. 江西水产科技, (4): 20- 27.

[168] 徐新章, 等, 1991. 河蟹消化生理的研究——蛋白质、氨基酸消化吸收率[J]. 江西水产科技, (1): 4-7.

[169] 徐月红, 何岚, 徐莲英, 等, 2000. 枸杞的免疫药理研究进展[J]. 中药材, (5): 295-298.

[170] 许步劭, 李二庆, 1996. 养蟹新技术[M]. 北京: 金盾出版社.

[171] 薛正锐, 姜辉, 陈庆生, 2006. 工厂化循环水养鱼工程技术研究与开发[J]. 海水水产研究, (04): 77- 81.

[172] 闫喜武, 郭海军, 何志辉, 1998. 用叶绿素法测定虾池浮游植物初级生产力[J]. 大连水产学院学报, 13(2): 9-16.

[173] 杨朝飞, 2001. 中国有机食品发展对策与管理[J]. 法制与管理, (03): 3-7.

[174] 杨凡, 席运官, 刘明庆, 等, 2016. 国内外有机水产发展现状分析与我国有机水产发展建议[J]. 安徽农业科学, 44(19): 47-49, 56.

[175] 杨庆霄, 蒋岳文, 张昕阳, 等, 1999. 虾塘残饵腐解对养殖环境影响的研究 I 虾塘底层残饵腐解对水质环境的

影响[J]. 海洋环境科学, 18(2): 11-15.

[176] 杨先乐, 1999. 21世纪我国水产动植物病害防治的发展方向[J]. 淡水渔业, 29(2): 44-45.

[177] 杨先乐, 2002. 水产品药物残留与渔药的科学管理和使用[J]. 中国水产, (10): 74-75.

[178] 杨逸萍, 王增焕, 孙建, 等, 1999. 精养虾池主要水化学因子变化规律和氮的收支[J]. 海洋科学, (1): 15-17.

[179] 杨永岗, 赵克强, 周泽江, 等, 2002. 中国有机食品的生产和认证[J]. 中国人口资源与环境, 12(1): 68-71.

[180] 翟雪梅, 张志南, 1998. 虾池生态系统能流结构分析[J]. 青岛海洋大学学报, 28(2): 275-282.

[181] 张庆茹, 1997. 中草药免疫促进作用的研究进展[J]. 中兽医医药杂志, (5): 15-16.

[182] 张新民, 2010. 中国贫困地区有机农业发展的战略选择[J]. 农业经济, (6): 17-19.

[183] 张玉珍, 洪华生, 陈能汪, 等, 2003. 水产养殖氮磷污染负荷估算初探[J]. 厦门大学学报(自然科学版), 42 (2): 223-227.

[184] 赵文武, 1998. 中国水产养殖业的发展前景[J]. 中国渔业经济研究, (1): 12-14.

[185] 甄华杨, 乔玉辉, 王茂华, 等, 2017. 我国有机产业发展概况及效益分析[J]. 农产品质量与安全, (04): 44-48.

[186] 周刚, 朱清顺, 张彤晴, 等, 2003. 蟹种强化培育水化学因子周年测定分析[J]. 水产养殖, 24(1): 9-11.

[187] 周鑫, 宋迁红, 2003. 我国蟹苗生产的现状与前景[J]. 科学养鱼.

[188] 周一兵, 刘亚军, 2000. 虾池生态系能量收支和流动的初步分析[J]. 生态学报, 20(5): 474-481.

[189] 周泽江, 肖兴基, 杨永岗, 2002. 有机食品的发展现状及趋势探讨[J]. 上海环境科学, 21(12): 700-705.

[190] 朱迪, 1999. 动态报告[J]. 生物技术通报, 15(3): 31-35.

[191] 朱晓鸣, 崔奕波, 光寿红, 1997. 中华绒螯蟹对三种天然饵料的选食性及消化率[J]. 水生生物学报, 21(1): 94-96.

[192] 竹内俊郎[日]. 1997. 网箱养殖N, P负荷估算[J]. 国外渔业, (3): 24-26.

[193] 邹景忠, 董丽萍, 秦保平, 1983. 渤海湾富营养化和赤潮问题的初步探讨[J]. 海洋环境科学, 3(2): 41-53.